福建省属公益类科研院所
"十三五"科技投入
与创新能力分析

池敏青◎编著

中国农业科学技术出版社

图书在版编目(CIP)数据

福建省属公益类科研院所"十三五"科技投入与创新能力分析 /
池敏青编著 . --北京:中国农业科学技术出版社,2023.9
ISBN 978-7-5116-6222-4

Ⅰ.①福…　Ⅱ.①池…　Ⅲ.①科研院所-科研管理-研究-福建
Ⅳ.①G322.235.7

中国国家版本馆 CIP 数据核字(2023)第 046410 号

责任编辑	徐定娜	
责任校对	王　彦	
责任印制	姜义伟　王思文	

出 版 者	中国农业科学技术出版社	
	北京市中关村南大街 12 号　　邮编:100081	
电　　话	(010) 82105169 (编辑室)　　(010) 82109702 (发行部)	
	(010) 82109709 (读者服务部)	
网　　址	https://castp.caas.cn	
经 销 者	各地新华书店	
印 刷 者	北京建宏印刷有限公司	
开　　本	185 mm×260 mm　1/16	
印　　张	9	
字　　数	205 千字	
版　　次	2023 年 9 月第 1 版　2023 年 9 月第 1 次印刷	
定　　价	80.00 元	

前　言

　　党的十九大报告提出：创新是引领发展的第一动力。2016 年 5 月 30 日，习近平总书记在全国科技创新大会、两院院士大会、中国科协第九次全国代表大会上的讲话中指出："科研院所和研究型大学是我国科技发展的主要基础所在，也是科技创新人才的摇篮。"福建省属公益类科研院所是区域公共技术研究和公益科技服务的重要载体，科研和技术服务涉及农业、林业、生物、海洋、医学、体育、安全、计量、环保等学科领域。"十三五"期间，福建省属公益类科研院所在服务区域经济建设主战场、支撑区域应急和安全管理、面向区域重大战略性任务和促进科学技术前沿发展等方面发挥着重要的作用，为福建经济社会的稳步发展作出了积极贡献。

　　本书重点对"十三五"期间福建省属公益类科研院所在科技资源配置、知识创造和技术创新、科技成果转化与产业化、科技服务与产业联系等进行全方位、多角度的总结和评价，同时突出分析 2020 年科技创新投入、活动、产出和转化等情况。本书力求做到内容翔实、结构合理、重点突出，及时、全面、客观地反映福建省属公益类科研院所科技创新和重要科研成果进展，为政府主管部门及社会各界全面了解福建省属公益类科研院所发展现状、进行决策分析和科技资料应用提供有益参考。

目　录

1 总体概况①

福建省属公益类科研院所是以向全社会提供公共技术和公益服务为主要任务的科研机构，是政府协调地区经济社会和科技发展不可缺少的技术支撑，科研和技术服务涉及农业、林业、生物、海洋、医学、体育、安全、计量、环保等领域。2016—2018 年有 38 家科研院所，2019 年有 37 家科研院所，2020 年有 36 家科研院所。"十三五"期间，有两家科研院所陆续退出省属公益类科研院所行列，分别是福建省农业区划研究所于 2017 年撤销并入福建省农村工作研究中心，福建省计划生育科学技术研究所于 2020 年撤销并入福建省妇幼保健院。

1.1 基本情况

1.1.1 主管部门

截至 2020 年，36 家省属公益类科研院所分属于 16 家不同的上级主管部门。主管部门中有 7 家是省政府组成部门，4 家是省政府直属机构，3 家是省（部）属高等院校，1 家为省属厅级事业单位，1 家为设区市政府组成部门（表 1-1）。

表 1-1　福建省属公益类科研院所及其主管部门　　　　　　　　（单位：家）

主管部门	数量	院所名称
福建省农业科学院	15	茶叶研究所、畜牧兽医研究所、果树研究所、农业工程技术研究所、农业经济与科技信息研究所、农业生态研究所、农业生物资源研究所、农业质量标准与检测技术研究所、生物技术研究所、食用菌研究所、水稻研究所、土壤肥料研究所、亚热带农业研究所、植物保护研究所、作物研究所

---

① 近年来陆续有科研院所退出省属公益类科研院所行列，为准确反映年度发展情况，书中所采用的历年数据均以历年实际科研院所数量为统计对象。如无特别说明，书中仅统计科研院所为第一完成单位的数据（成果）。同一成果不同级别对同一单位只统计一次，按最高级别统计。相关指标内涵说明见附录。

（续表）

主管部门	数量	院所名称
福建省科学技术厅	5	福建海洋研究所、福建省测试技术研究所、福建省科学技术信息研究所、福建省微生物研究所、福建省武夷山生物研究所
福建省海洋与渔业局	2	福建省淡水水产研究所、福建省水产研究所
福建省市场监督管理局	2	福建省标准化研究院、福建省计量科学研究院
福建省卫生健康委员会	1	福建省医学科学研究院
福建省工业和信息化厅	1	福建省农业机械化研究所
福建省农业农村厅	1	福建省热带作物科学研究所
福建省生态环境厅	1	福建省环境科学研究院
福建省水利厅	1	福建省水利水电科学研究院
福建省应急管理厅	1	福建省安全生产科学研究院
福建省林业局	1	福建省林业科学研究院
福建省体育局	1	福建省体育科学研究所
厦门大学	1	抗癌研究中心
福建师范大学	1	地理研究所
福建中医药大学	1	福建省中医药研究院
宁德市海洋与渔业局	1	福建省闽东水产研究所

1.1.2 院所分布和规模

36 家省属公益类科研院所分布在 5 个设区市，其中福州市 29 家，厦门市 3 家，漳州市 2 家，宁德市 1 家，南平市 1 家。2020 年，共有从业人员 2 734 人，其中 200 人以上有 1 家，100～199 人有 7 家，50～99 人有 18 家，49 人以下有 10 家（表1-2）。

表1-2 2020 年福建省属公益类科研院所从业人员规模

从业人员	规模（家）	占比（%）
200 人以上	1	2.78
100～199 人	7	19.44
50～99 人	18	50.00
49 人以下	10	27.78

1.1.3 从事行业

36 家省属公益类科研院所从事的国民经济行业①属于科学研究和试验发展行业，其中

---

① 国民经济行业分类依据"国家标准《国民经济行业分类与代码》（GB/T 4754—2017）"。

农业科学研究和试验发展最多，共 19 家，占 52.78%。工程和技术研究和试验发展有 7 家，占 19.44%。医学研究和试验发展有 4 家，占 11.11%。自然科学研究和试验发展有 3 家，占 8.33%。社会人文科学研究有 3 家，占 8.33%（图 1-1）。

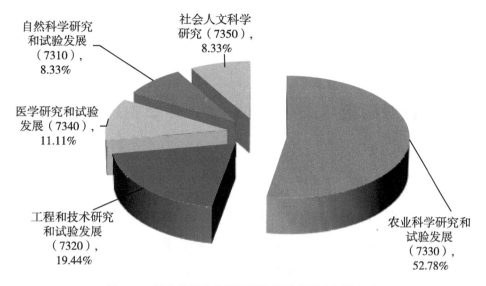

图 1-1 福建省属公益类科研院所从事国民经济行业

1.1.4 学科领域

36 家省属公益类科研院所涉及的学科领域①有 18 类，其中农学领域最多，有 13 家，占 36.11%。水产学有 3 家。地理科学、基础医学、生物学、工程与技术科学基础学科分别有 2 家。其余 12 个领域分别仅有 1 家（表 1-3）。

表 1-3 福建省属公益类科研院所学科领域
（单位：家）

学科领域	数量	学科领域	数量
农学（210）	13	药学（350）	1
水产学（240）	3	中医学与中药学（360）	1
地理科学（170）	2	机械工程（460）	1
基础医学（310）	2	水利工程（570）	1
生物学（180）	2	环境科学技术及资源科学技术（610）	1
工程与技术科学基础学科（410）	2	安全科学技术（620）	1

---

① 学科领域分类依据"国家标准《学科分类与代码》（GB/T 13745—2009）"。

（续表）

学科领域	数量	学科领域	数量
化学（150）	1	经济学（790）	1
林学（220）	1	图书馆、情报与文献学（870）	1
畜牧兽医学（230）	1	体育科学（890）	1

1.2　科技资源配置

1.2.1　科技人才队伍

"十三五"期间，科研院所科技活动人员数量和占比总体上变化不大，已基本形成相对合理、稳定的科技活动人员结构，科技管理人员：课题活动人员：科技服务人员约 8.67：1.47：1。高素质人才队伍培养在逐渐加强，已呈现倒金字塔形人才队伍结构，高级职称：中级职称：初级职称人员约 2.73：2.44：1。

"十三五"期间，博士毕业和硕士毕业科技活动人员保持增长趋势，年均增长率分别为 5.01% 和 0.90%。本科毕业和大专毕业科技活动人员的年均增长率分别为 −0.39% 和 −4.98%。高学历人员已成为科研院所人才引进的主要对象和趋势，但博士人才引进速度还相对较慢，因人才招聘政策的限制，硕士毕业生近年来引进也很有限。

截至 2020 年，科技活动人员有 2 388 人，其中高级职称占 39.74%，中级职称占 35.51%；博士毕业占 12.27%，硕士毕业占 33.29%。R&D 人员 2 191 人，其中女性占 38.38%；R&D 人员折合全时工作量 1 912 人·年，其中研究人员占 53.97%。

1.2.2　科技活动经费

"十三五"期间，科技活动收入达 495 690.10 万元。财政拨款、承担政府科研项目收入和技术性收入是其三大重要组成部分，分别占 62.19%、23.91% 和 10.40%。财政拨款、承担政府科研项目收入、技术性收入年均增长率分别为 0.75%、12.55% 和 2.43%，三者之间的比例约 6.01：3.19：1。人均科技活动收入年均增长率为 2.74%。

"十三五"期间，科技活动支出达 452 798.00 万元，年均增长率为 2.32%。其中人员劳动报酬占 49.29%，年均增长率为 15.61%。其他日常支出占 43.75%，年均增长率为 −4.60%。人均科技活动支出年均增长率为 1.81%。

"十三五"期间，R&D 经费内部支出 366 715.60 万元，年均增长率为 12.45%，其中 R&D 经常费占 77.71%，年均增长率为 8.80%。R&D 基本建设费占 22.29%，年均增长率 53.47%。基础研究、应用研究、试验发展经费年均增长率分别为 14.84%、11.67%、6.06%。人均 R&D 经费内部支出年均增长率为 10.55%。

1.2.3 科技课题研究

"十三五"期间，在研科技课题经费内部支出 232 459.00 万元，年均增长率 6.06%。基础研究、应用研究、试验发展、研究与发展成果应用、科技服务 5 类在研科技课题经费内部支出分别占 13.02%、18.89%、45.18%、10.66%、12.24%。人均在研科技课题数量和人均在研科技课题经费内部支出年均增长率分别为 0.28% 和 5.54%。

"十三五"期间，在研 R&D 课题经费内部支出 1 792 202.70 万元，年均增长率为 10.73%。国家科技课题、地方科技课题、企业委托科技课题、自选科技课题、国际合作科技课题、其他科技课题 6 类在研 R&D 课题经费内部支出分别占比 25.40%、58.75%、2.25%、9.59%、0.03%、3.98%。人均在研 R&D 课题数量和人均在研 R&D 课题经费内部支出年均增长率分别为 2.90% 和 10.17%。

"十三五"期间，新增科技课题数量 4 018 项，年均增长率为 −4.75%。新增科技课题合同金额 123 330.37 万元，年均增长率为 −7.86%。总体上各类新增科技课题和新增科技课题合同金额均呈现较大的下降趋势。新增科技课题中独立研究占比 77.69% ~ 81.70%，合作研究占比 14.02% ~ 17.91%。人均新增科技课题数量和人均新增科技课题合同金额年均增长率分别为 −5.26% 和 −8.32%。

1.2.4 固定资产

"十三五"期间，固定资产年均增长率为 11.73%，其中科研房屋建筑物年均增长率 11.03%，科学仪器设备年均增长率 10.87%。人均科研仪器设备年均增长率 10.32%。

截至 2020 年，年末固定资产原价 174 913.10 万元。其中科研房屋建筑物占 33.00%，科学仪器设备占 51.07%。平均每家科研院所科学仪器设备经费 2 481.18 万元。人均科研仪器设备经费 37.40 万元。

1.2.5 科技创新与服务平台

"十三五"期间，共新增科学与工程研究类科技创新平台 3 个，技术创新与成果转化类科技创新平台 12 个（占 40.00%），基础支撑与条件保障类科技创新平台 3 个。

截至 2020 年, 共有 22 家科研院所承担 73 个科技创新平台①的建设任务。科学与工程研究类科技创新平台 26 个（其中国家级 3 个），技术创新与成果转化类科技创新平台 30 个（其中国家级 4 个），基础支撑与条件保障类科技创新平台 17 个（其中国家级 1 个）。

截至 2020 年, 共有 20 家科研院所承担 32 个科技服务平台工作。其中品种改良和加工中心 6 个、检验检测（计量）平台 16 个、查新咨询平台 3 个、资格认定平台 4 个、科技合作基地 3 个。

截至 2020 年, 共有 15 家科研院所主办（承办）16 种科技期刊的出版工作, 其中季刊 6 种、双月刊 7 种、月刊 3 种。

1.3 科研成果创新

1.3.1 获奖成果②

"十三五" 期间, 共获 "福建省科学技术进步奖" 70 项, 其中科学技术重大贡献奖 1 人, 一等奖 11 项、二等奖 23 项、三等奖 35 项。获 "福建省标准贡献奖" 11 项, 其中二等奖 6 项, 三等奖 5 项。获 "福建省专利奖" 4 项, 其中二等奖 1 项、三等奖 3 项。获 "福建省社会科学优秀成果奖" 8 项, 其中二等奖 1 项、三等奖 6 项、青年佳作奖 1 项。

1.3.2 论文论著

"十三五" 期间, 共发表科技论文 5 683 篇, 其中 SCI 或 SSCI 收录论文占 12.99%, 国内三大核心期刊源③收录论文占 30.49%。出版科技著作 112 本, 其中专著占 21.43%, 编著占 77.68%。

1.3.3 授权专利

"十三五" 期间, 共获授权专利 1 310 件, 年均增长率为 6.51%, 其中发明专利占 45.27%、实用新型占 53.28%。专利所有权转让及许可 90 件, 转让及许可金额 970.30 万元。截至 2020 年, 拥有有效发明专利 1 159 件。

---

① 科技创新平台根据《国家科技创新基础优化整合方案》, 分为科学与工程研究、技术创新与成果转化、基础支撑与条件保障 3 大类。

② 获奖成果只统计 "省部级以上政府部门颁发的奖励"。

③ 国内三大核心期刊源是指中文核心、中国科学引文数据库（CSCD）、中文社会科学索引（CSSCI）。

1.3.4 行业技术

"十三五"期间,共获审(认、鉴)定和登记品种219项,其中审定品种占74.89%、认定品种占5.02%、鉴定品种占8.22%、登记品种占11.87%。共制定标准88项,其中国家标准占7.95%、行业标准占10.23%、地方标准占81.82%。共获植物新品种权45件,计算机软件著作权282件,商标权17件,新兽药证书1件。

1.4 经济社会效益

1.4.1 科技成果转化

"十三五"期间,科技成果转化合同数13 320件。科技成果转化合同金额76 242.72万元,年均增长率为17.43%。其中技术转让、许可合同金额18 195.88万元,年均增长率为96.86%,技术开发、咨询、服务合同金额58 046.48万元,年均增长率为9.57%。人均科技成果转化合同金额年均增长率为16.86%。

1.4.2 对外科技服务①

"十三五"期间,科技人员参加对外科技服务活动工作量5 076人·年,年均增长率为-13.68%。仅科技信息文献服务,提供孵化、平安搭建等科技服务活动,科学普及3类处于略增长趋势,其余对外科技服务活动均表现为下降状态。

---

① 人年表示对外科技服务工作人数同对外科技服务工作时间积乘之和,如1项科技服务有3人参与,1人是全年参与,即1×1=1,第2个人1年参与6个月,即1×0.5=0.5,第3个人1年参与3个月,即1×0.25=0.25,总数为1.75。人年是衡量总量的一个指标,属于规模性指标。

2 科技人员

2.1 人员情况

2.1.1 人员组成

省属公益类科研院所人员主要由从业人员、外聘的流动学者、招收的非本单位编制的在读研究生和离退休人员4部分组成。从业人员是科研院所进行科技活动和技术推广的主要人力资源,"十三五"期间占比53%~56%。

截至2020年,共有人员5 065人,从业人员有2 734人,占53.98%(表2-1、图2-1)。

表2-1 2016—2020年福建省属公益类科研院所人员情况 （单位：人）

项目	2016年	2017年	2018年	2019年	2020年
合计	5 005	4 952	5 129	4 993	5 065
从业人员	2 698	2 756	2 812	2 781	2 734
外聘的流动学者（编制在其他单位）	111	190	58	47	49
招收的非本单位编制的在读研究生	272	87	214	240	263
离退休人员	1 924	1 919	2 045	1 925	2 019

2.1.2 从业人员构成

"十三五"期间,从业人员相对稳定。科技活动人员数量和占比总体上变化不大。生产经营活动人员数量有限,主要是受科研机构管理体制分类改革的影响,即要求省属公益类科研院所按非营利性机构管理和运行。

截至2020年,共有从业人员2 734人,主要以科技活动人员为主,有2 388人,占

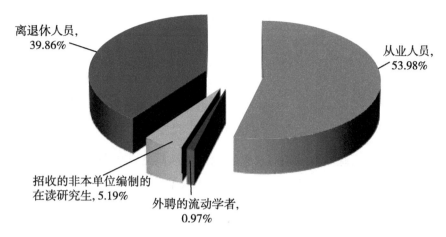

图 2-1　2020 年福建省属公益类科研院所人员组成

87.34%。科技活动人员是科研院所科技创新活动的重要从事者，其结构和质量在一定程度上反映科研院所研发创新和技术开发的应用潜力（表 2-2、图 2-2）。从业人员中有在岗职工 2 420 人，占 88.51%。劳务派遣人员 256 人，占 9.36%，近年来劳务派遣人员逐渐增加，成为科研院所从业人员的有益补充。

表 2-2　2016—2020 年福建省属公益类科研院所从业人员情况　　　　（单位：人）

项目	2016 年	2017 年	2018 年	2019 年	2020 年
从业人员	2 698	2 756	2 812	2 781	2 734
其中：科技活动人员	2 341	2 438	2 463	2 434	2 388
生产经营活动人员	36	17	11	14	17
其他人员	321	301	338	333	329

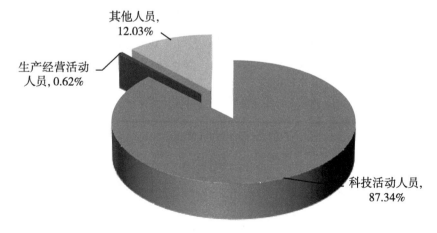

图 2-2　2020 年福建省属公益类科研院所从业人员构成

9

2.2 科技活动人员

2.2.1 构成情况

"十三五"期间，已基本形成相对合理、稳定的科技活动人员结构，目前科技管理人员：课题活动人员：科技服务人员约为8.69∶1.47∶1（图2-3）。

图2-3　2016—2020年福建省属公益类科研院所科技活动人员构成变化

截至2020年，科技活动人员以课题活动人员为主，共1 859人，占77.85%，是科技活动中具有科技创新能力的重要群体。科技管理人员和科技服务人员分别占13.19%和8.96%。女性科技活动人员占38.27%（表2-3、图2-4）。

表2-3　2016—2020年福建省属公益类科研院所科技活动人员情况　　（单位：人）

项目	2016 年	2017 年	2018 年	2019 年	2020 年
科技活动人员	2 341	2 438	2 463	2 434	2 388
其中：女性	917	964	980	950	914
其中：科技管理人员	361	328	344	314	315
课题活动人员	1 677	1 780	1 776	1 874	1 859
科技服务人员	303	330	343	246	214

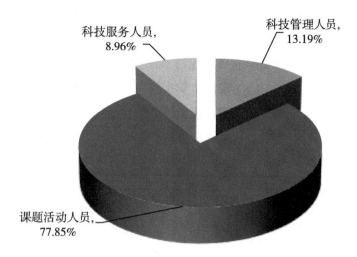

图 2-4　2020 年福建省属公益类科研院所科技活动人员构成

2.2.2　学历结构

科技活动人员的学历/学位结构反映科研院所科技人员总体构成状态和潜在技术创新活动能力。"十三五"期间，博士毕业和硕士毕业科技活动人员保持增长趋势，年均增长率分别为 5.01% 和 0.90%。本科毕业和大专毕业科技活动人员年均增长率分别为-0.39% 和-4.98%（图 2-5）。高学历人员已成为科研院所人才引进的主要对象和趋势，但博士人才引进速度还相对较慢，因人才招聘政策的限制，硕士毕业生近年来引进也很有限。

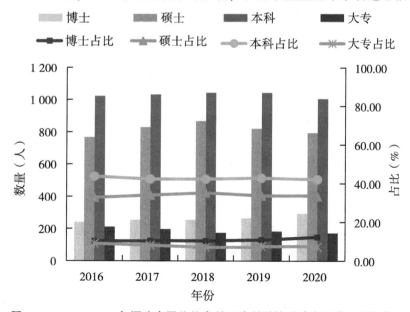

图 2-5　2016—2020 年福建省属公益类科研院所科技活动人员学历结构变化

截至 2020 年,本科毕业 1 006 人,占 42.13%;硕士毕业 795 人,占 33.29%;博士毕业 293 人,占 12.27%(表 2-4、图 2-6)。目前科技活动人员已形成以本科毕业和硕士毕业为主的人才学历结构。硕博士毕业占比超过 50%的有 18 家科研院所。排名前三的是福建师范大学地理研究所(93.33%)、厦门大学抗癌研究中心(92.00%)、福建农业科学院作物研究所(67.19%)。硕博士毕业占比最低的分别是福建省安全生产科学研究院、福建省武夷山生物研究所、福建省农业机械化研究所。

表 2-4 2016—2020 年福建省属公益类科研院所科技活动人员学历情况 （单位：人）

项目	2016 年	2017 年	2018 年	2019 年	2020 年
科技活动人员	2 341	2 438	2 463	2 434	2 388
其中：博士毕业	241	254	255	264	293
硕士毕业	767	830	868	821	795
本科毕业	1 022	1 032	1 043	1 043	1 006
大专毕业	211	197	174	183	172
其他	100	125	123	123	122

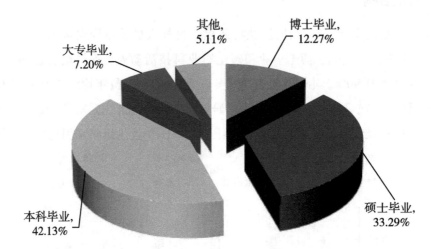

图 2-6 2020 年福建省属公益类科研院所科技活动人员学历结构

2.2.3 职称结构

科技活动人员的职称结构反映科研院所科技人员创新能力与技能构成情况,及潜在竞争能力中的独特技能。"十三五"期间,高素质人才队伍培养在逐渐加强,已呈现倒金字塔形人才队伍结构。高级职称:中级职称:初级职称人员约为 2.73:2.44:1。高中初职称的年均增长率分别为 1.05%、0.15%、−4.19%(图 2-7)。

截至 2020 年,高级职称人员 949 人,占 39.74%。中级职称 848 人,占 35.51%。初级职称 348,占 14.57%(表 2-5、图 2-8)。高级职称占比超过 50%的有 7 家科研院所。

排名前三的是福建师范大学地理研究所（86.67%）、厦门大学抗癌研究中心（76.00%）、福建省农业科学院农业经济与科技信息研究所（58.14%）。高级职称占比最低的分别是福建省农业科学院农业质量标准与检测技术研究所、福建省体育科学研究所、福建省武夷山生物研究所。

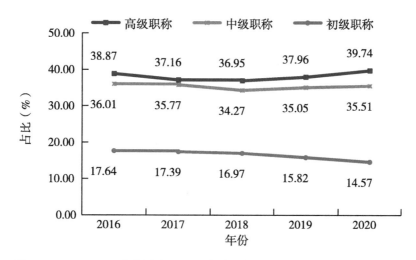

图 2-7　2016—2020 年福建省属公益类科研院所科技活动人员职称结构变化

表 2-5　2016—2020 年福建省属公益类科研院所科技活动人员职称情况　　（单位：人）

项目	2016 年	2017 年	2018 年	2019 年	2020 年
科技活动人员	2 341	2 438	2 463	2 434	2 388
其中：高级职称	910	906	910	924	949
中级职称	843	872	844	853	848
初级职称	413	424	418	385	348
其他	175	236	291	272	243

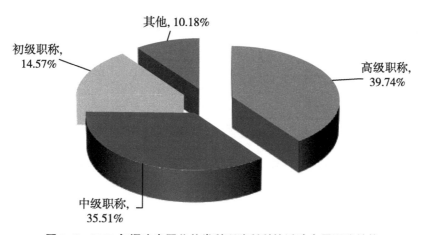

图 2-8　2020 年福建省属公益类科研院所科技活动人员职称结构

2.3 R&D 人员

2.3.1 R&D 人员构成

"十三五"期间，R&D 人员中的研究人员年均增长率为 7.86%，是不同工作性质中唯一处于增长的一类人员。R&D 全时人员年均增长率为 5.32%，R&D 非全时人员年均增长率处于下降状态，为 -8.34%。R&D 人员中博士毕业和硕士毕业年均增长率分别为 3.78% 和 2.63%，本科毕业年均增长率处于下降趋势，为 -0.67%。

截至 2020 年，共有 R&D 人员 2 191 人，其中女性占 38.38%。按工作性质分，研究人员占 56.09%，技术人员占 35.69%，其他辅助人员占 8.22%。按工作量分，R&D 全时人员是非全时人员的 3.99 倍，两者分别占 79.96% 和 20.04%。按学历分，本科毕业占 41.90%，硕士毕业占 35.65%，博士毕业占 13.24%，其他学历占 9.22%（表 2-6）。

表 2-6　2016—2020 年福建省属公益类科研院所 R&D 人员情况　　（单位：人）

项目	2016 年	2017 年	2018 年	2019 年	2020 年
R&D 人员	2 046	2 078	2 172	2 221	2 191
其中：女性	734	775	802	832	841
其中：研究人员	908	1 012	1 168	1 194	1 229
技术人员	898	841	772	826	782
其他辅助人员	240	225	232	201	180
其中：R&D 全时人员	1 424	1 487	1 627	1 780	1 752
R&D 非全时人员	622	591	545	441	439
其中：博士毕业	250	247	254	262	290
硕士毕业	704	748	800	797	781
本科毕业	943	902	944	973	918
其他学历	149	181	174	189	202

2.3.2　R&D 人员工作量

"十三五"期间,R&D 人员折合全时工作量年均增长率为 3.24%,其中研究人员年均增长率为 7.04%。

截至 2020 年,共投入 R&D 人员折合全时工作量 1 912 人·年,其中研究人员 1 032 人·年,占 53.97%（表 2-7）。

表 2-7　2016—2020 年福建省属公益类科研院所 R&D 人员折合全时工作量

（单位：人·年）

项目	2016 年	2017 年	2018 年	2019 年	2020 年
R&D 人员折合全时工作量	1 683	1 699	1 904	1 992	1 912
其中：研究人员	786	844	1 005	1 059	1 032

3 科技经费

3.1 经常费收入

"十三五"期间,省属公益类科研院所收入总额549 817.40万元,年均增长率为4.95%。其中科技活动收入495 690.10万元,占90.16%,年均增长率为3.25%;经营活动收入占3.52%,其他收入占6.32%。收入总额增长主要受益于科技活动收入的增长(表3-1)。

表3-1 2016—2020年福建省属公益类科研院所经常费收入 (单位:万元)

项目	2016年	2017年	2018年	2019年	2020年
收入总额	101 523.00	98 507.20	113 531.70	113 100.70	123 154.80
其中:科技活动收入	96 566.90	87 169.10	100 060.80	102 147.30	109 746.00
经营活动收入	1 125.20	6 557.80	7 360.10	—	3 961.90
其他收入	3 830.90	4 780.30	6 110.80	10 596.10	9 446.90

注:2019年经营活动收入数据有待进一步核实。

2020年,收入总额123 154.80万元,比2016年增长21.31%。其中科技活动收入109 746.00万元,占89.11%,比2016年增长13.65%,是科研院所收入的主要来源(图3-1)。

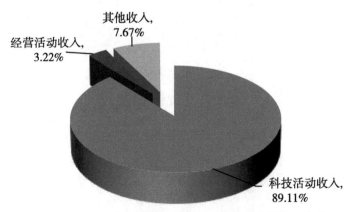

图3-1 2020年福建省属公益类科研院所经常费收入构成

3.2 科技活动收入

3.2.1 收入构成情况

"十三五"期间，科技活动收入达 495 690.10 万元。其中财政拨款、承担政府科研项目收入和技术性收入是 3 大重要组成部分，分别占 62.19%、23.91% 和 10.40%。财政拨款、承担政府科研项目收入、技术性收入年均增长率分别为 0.75%、12.55% 和 2.43%。目前三者之间的比例约为 6.01∶3.19∶1。科技活动收入中政府资金占 88.01%，其中 87.54% 来自地方政府，12.46% 来自中央政府。非政府资金占 11.99%，其中 86.76% 来自技术性收入，技术性收入中 46.47% 来自服务企业的技术性收入（表 3-2）。

表 3-2　2016—2020 年福建省属公益类科研院所科技活动收入　　（单位：万元）

项目	2016 年	2017 年	2018 年	2019 年	2020 年
科技活动收入	96 566.90	87 169.10	100 060.80	102 147.30	109 746.00
（1）政府资金	85 446.60	77 224.40	87 649.00	87 681.80	98 238.30
其中：财政拨款	61 857.90	59 024.10	61 093.10	62 559.30	63 739.50
承担政府科研项目	21 069.10	16 574.60	23 918.60	23 144.90	33 812.20
其他	2 519.60	1 625.70	2 637.30	1 977.60	686.60
政府资金中：来自地方政府资金	75 776.20	54 672.70	78 382.80	81 229.30	91 826.50
政府资金中：来自中央政府资金	9 670.40	22 551.70	9 266.20	6 452.50	6 411.80
（2）非政府资金	11 120.30	9 944.70	12 411.80	14 465.50	11 507.70
其中：技术性收入	9 639.40	8 441.60	10 692.90	12 193.10	10 609.00
其中：来自企业	5 526.50	4 950.90	6 704.50	2 496.80	4 290.70
其中：大中型企业	746.90	1 078.90	539.10	365.50	267.50

2020 年，科技活动收入达 109 746.00 万元。政府资金中以财政拨款为主，占 64.88%，比 2016 年增长 3.04%；承担政府科研项目收入占 34.42%，比 2016 年增长 60.48%。非政府资金中的技术性收入比 2016 年增长 10.06%（图 3-2）。科技活动收入超过 3 000 万元以上的科研院所有 13 家，1 000 万元以下的有 2 家。高于平均数 3 048.50

万元的有 13 家，13 家科技活动收入占总额的 62.59%。排名前三的是福建省水产研究所（11 190.70 万元）、福建省计量科学研究院（10 498.80 万元）、福建省林业科学研究院（6 933.60 万元）。

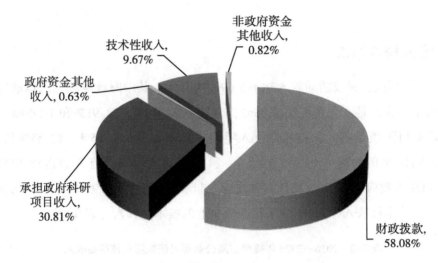

图 3-2　2020 年福建省属公益类科研院所科技活动收入构成

3.2.2　人均科技活动收入

"十三五"期间，人均科技活动收入年均增长率为 2.74%。其中人均财政拨款、人均承担政府科研项目收入、人均技术性收入的年均增长率分别为 0.25%、12.00% 和 1.89%。

2020 年，人均科技活动收入 45.96 万元，比 2016 年增长 11.42%。其中人均财政拨款占 58.07%，人均承担政府科研项目收入占 30.81%，人均技术性收入占 9.66%（表 3-3）。人均科技活动收入高于平均数的科研院所有 15 家，排名前三的是福建省体育科学研究所（116.04 万元/人）、福建省水产研究所（82.89 万元/人）、福建省农业科学院食用菌研究所（73.48 万元/人）。

表 3-3　2016—2020 年福建省属公益类科研院所人均科技活动收入　（单位：万元/人）

项目	2016 年	2017 年	2018 年	2019 年	2020 年
人均科技活动收入	41.25	35.75	40.63	41.97	45.96
其中：人均财政拨款	26.42	24.21	24.80	25.70	26.69
人均承担政府科研项目收入	9.00	6.80	9.71	9.51	14.16
人均技术性收入	4.12	3.46	4.34	5.01	4.44

3.3 经常费支出

"十三五"期间，支出总额 489 232.40 万元，年均增长率为 2.25%。其中，科技活动支出 452 798.00，占 92.55%，年均增长率为 2.32%。经营活动支出 8 539.30 万元，占 1.76%，年均增长率为 −17.58%。其他支出 27 895.10 万元，占 5.70%，年均增长率为 8.00%（表3-4）。

表 3-4　2016—2020 年福建省属公益类科研院所经常费支出　　　　（单位：万元）

项目	2016 年	2017 年	2018 年	2019 年	2020 年
支出总额	91 673.60	95 233.10	106 716.40	95 407.90	100 201.40
其中：科技活动支出	85 047.70	90 154.80	98 366.80	86 024.10	93 204.60
经营活动支出	2 243.90	1 476.90	1 358.00	2 424.90	1 035.60
其他支出	4 382.00	3 601.40	6 991.60	6 958.90	5 961.20

2020 年，支出总额 100 201.40 万元，比 2016 年增长 9.30%。其中，科技活动支出 93 204.60 万元，占 93.02%，比 2016 年增长 9.59%，是主要的活动开支。经营活动支出和其他支出占比较少，分别仅为 1.03% 和 5.95%（图3-3）。

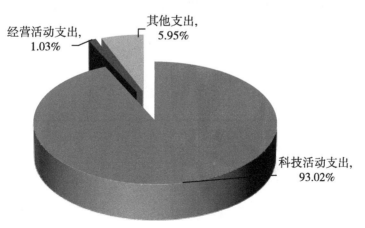

图 3-3　2020 年福建省属公益类科研院所经常费支出构成

3.4 科技活动支出

3.4.1 支出构成情况

"十三五"期间,科技活动支出达 452 798.00 万元,保持持续增长趋势,年均增长率为 2.32%。其中,人员劳动报酬 223 173.20 万元,占 49.29%,年均增长率为 15.61%。其他日常支出 198 090.20 万元,占 43.75%,年均增长率为-4.60%(表3-5)。

表 3-5   2016—2020 年福建省属公益类科研院所科技活动支出　　　　　(单位:万元)

项目	2016 年	2017 年	2018 年	2019 年	2020 年
科技活动支出	85 047.70	90 154.80	98 366.80	86 024.10	93 204.60
其中:人员劳动报酬	32 010.60	39 684.60	46 083.20	48 210.70	57 184.10
设备购置费	9 553.50	9 739.70	12 241.40	—	—
其他日常支出	43 483.60	40 730.50	40 042.20	37 813.40	36 020.50

注:2019 年起统计中将科技活动支出分为人员劳动报酬和其他日常支出两项。

2020 年,科技活动支出中人员劳动报酬费占 61.35%,比 2016 年增长 78.64%。其他日常支出占 38.65%,比 2016 年增长-0.17%(图3-4)。科技活动支出超过 3 000 万元的科研院所有 10 家,1 000 万元以下的有 3 家。高于平均数 2 589.02 万元的有 14 家,14 家科技活动支出占总额的 62.20%。排名前三的是福建省计量科学研究院(9 184.50万元)、福建省林业科学研究院(5 840.70万元)、福建省水产研究院(5 608.40万元)。

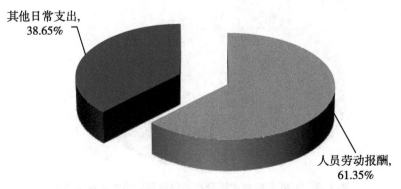

图 3-4　2020 年福建省属公益类科研院所科技活动支出构成占比

3.4.2 人均科技活动支出

"十三五"期间，人均科技活动支出年均增长率为1.81%。其中人均人员劳动报酬年均增长率15.05%、人均其他日常支出年均增长率-5.07%。

2020年，人均科技活动支出为39.03万元，比2016年增长7.43%。人均人员劳动报酬占61.36%，人均其他日常支出占38.64%（表3-6）。人均科技活动支出高于平均数的科研院所有14家，排名前三的是福建师范大学地理研究所（70.28万元/人）、福建海洋研究所（68.62万元/人）、福建省林业科学研究院（56.16万元/人）。

表3-6　2016—2020年福建省属公益类科研院所人均科技活动支出（单位：万元/人）

项目	2016年	2017年	2018年	2019年	2020年
人均科技活动支出	36.33	36.98	39.94	35.34	39.03
其中：人均人员劳动报酬	13.67	16.28	18.71	19.81	23.95
人均设备购置费	4.08	3.99	4.97	——	——
人均其他日常支出	18.57	16.71	16.26	15.54	15.08

注：2019年起统计中将科技活动支出分为人员劳动报酬和其他日常支出两项。

3.5　R&D经费

3.5.1　R&D经费构成

"十三五"期间，R&D经费内部支出366 715.60万元，年均增长率为12.45%。其中，R&D经常费284 960.10万元，占77.71%，年均增长率为8.80%。R&D基本建设费81 755.50万元，占22.29%，年均增长率为53.47%。基础研究、应用研究、试验发展经费年均增长率分别为14.84%、11.67%、6.06%，虽然基础研究在总经费中占比较低，但其经费近年来增长速度最快（表3-7、图3-5）。

2020年，R&D经费内部支出77 115.70万元，比2016年增长59.91%。其中R&D经常费占83.45%，R&D基本建设费占16.55%（表3-7）。R&D经常费支出中，按费用类别分，人员费占63.32%，其他费用占36.68%。按经费来源分，政府资金占88.14%，是主要来源渠道。按活动类型分，基础研究占18.47%，应用研究经费占25.01%，试验发展经费占56.53%。

表 3-7 2016—2020 年福建省属公益类科研院所 R&D 经费支出　　（单位：万元）

项目	2016 年	2017 年	2018 年	2019 年	2020 年
R&D 经费内部支出	48 225.70	51 798.00	98 227.70	91 348.50	77 115.70
（1）R&D 经常费	45 925.10	49 254.80	63 425.60	62 000.80	64 353.80
按费用类别分：人员费	19 684.80	24 129.30	33 945.60	36 685.30	40 751.90
设备购置费	5 439.20	5 847.50	7 491.70	—	—
其他费用	20 801.10	19 278.00	21 988.30	25 315.50	23 601.90
按经费来源分：政府资金	39 193.00	42 569.30	55 618.50	53 073.10	56 720.70
企业资金	476.00	552.10	386.40	2 043.90	1 286.80
事业单位资金	5 983.70	5 805.20	7 313.40	6 800.40	6 346.30
其他资金	272.40	328.20	107.30	83.40	—
按活动类型分：基础研究	6 832.20	7 911.80	9 379.30	9 615.80	11 883.10
应用研究	10 347.40	14 556.70	14 595.80	17 600.60	16 092.10
试验发展	28 745.50	26 786.30	39 450.50	34 784.40	36 378.60
（2）R&D 基本建设费	2 300.60	2 543.20	34 802.10	29 347.70	12 761.90
R&D 经费外部支出	158.00	22.50	189.20	1 013.80	2 079.20

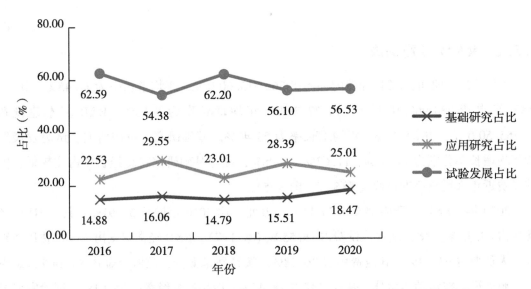

图 3-5　2016—2020 年福建省属公益类科研院所 R&D 经常费活动支出类型变化

3.5.2 人均 R&D 经费支出

"十三五"期间，人均 R&D 经费内部支出年均增长率为 10.55%，其中人均 R&D 经常费年均增长 6.95%，人均 R&D 基本建设费年均增长 50.98%。R&D 经常费中人均基础研究经费、人均应用研究经费和人均试验发展经费的年均增长率分别为 12.87%、9.75%、4.25%。

2020 年，人均 R&D 经费内部支出 35.20 万元，比 2016 年增长 49.34%。其中人均 R&D 经常费 29.37 万元，人均 R&D 基本建设费 5.82 万元（表 3-8）。人均 R&D 经常费支出中，人均基础研究经费、人均应用研究经费和人均试验发展经费分别占 18.45%、24.99% 和 56.53%。

表 3-8 2016—2020 年福建省属公益类科研院所人均 R&D 经费支出 （单位：万元）

项目	2016 年	2017 年	2018 年	2019 年	2020 年
人均 R&D 经费内部支出	23.57	24.93	45.22	41.13	35.20
人均 R&D 经常费	22.45	23.70	29.20	27.92	29.37
按活动类型分：人均基础研究经费	3.34	3.81	4.32	4.33	5.42
人均应用研究经费	5.06	7.01	6.72	7.92	7.34
人均试验发展经费	14.05	12.89	18.16	15.66	16.60
人均 R&D 基本建设费	1.12	1.22	16.02	13.21	5.82

4 科技课题

4.1 在研科技课题

4.1.1 在研课题类型

"十三五"期间，省属公益类科研院所在研科技课题经费内部支出232 459.00万元，年均增长率为6.06%。基础研究、应用研究、试验发展、研究与发展成果应用、科技服务5类在研科技课题经费内部支出分别占13.02%、18.89%、45.18%、10.66%、12.24%，年均增长率分别为17.37%、14.98%、7.19%、−7.87%、−4.35%（表4-1）。

表4-1 2016—2020年福建省属公益类科研院所在研科技课题类型

项目	2016年		2017年		2018年		2019年		2020年	
	数量（项）	经费内部支出（万元）	数量（项）	经费内部支出（万元）	数量（项）	经费内部支出（万元）	数量（项）	经费内部支出（万元）	数量（项）	经费内部支出（万元）
合计	2 109	40 002.18	2 055	40 737.50	2 188	51 642.58	2 228	49 456.75	2 185	50 619.99
基础研究	411	4 159.19	398	5 429.50	451	6 562.47	451	6 224.31	490	7 892.63
应用研究	432	5 875.01	504	6 945.83	564	8 668.27	649	12 161.38	611	10 270.02
试验发展	692	16 806.79	602	18 372.07	720	26 598.39	703	21 068.31	662	22 186.10
研究与发展成果应用	222	6 375.00	247	5 939.05	173	3 504.14	166	4 371.86	178	4 591.92
科技服务	352	6 786.19	304	4 051.05	280	6 309.31	259	5 630.89	244	5 679.32

2020年，在研科技课题2 185项，比2016年增长3.60%。在研科技课题经费内部支出50 619.99万元，比2016年增长26.54%。其中基础研究经费内部支出中政府资金占比最高，达97.27%，科技服务经费内部支出中政府资金占比最少，为85.51%（图4-1）。平均每家科研院所在研科技课题经费内部支出为1 406.11万元，高于平均数的科研

院所有 12 家，12 家经费内部总支出占总额的 68.67%。排名前三的是福建省水产研究
所（5 645.20万元）、福建省农业科学院水稻研究所（3 622.83万元）、福建海洋研究所
（3 463.80万元）。

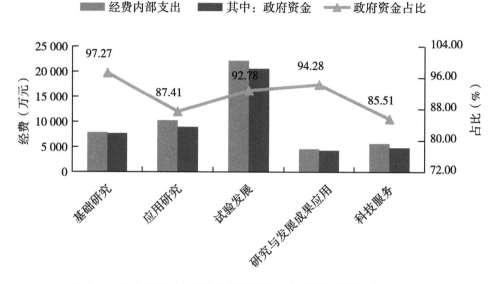

图 4-1　2020 年福建省属公益类科研院所在研科技课题经费内部支出

4.1.2　人均在研课题

"十三五"期间，人均在研科技课题数量和人均在研科技课题经费内部支出年均增长
率分别为 0.28% 和 5.54%。

2020 年，人均在研科技课题数量和人均在研科技课题经费内部支出为 0.91 项/人和
21.20 万元/人，人均在研科技课题经费内部支出比 2016 年增长 24.05%（表 4-2）。高于
人均在研科技课题经费内部支出的科研院所有 15 家。排名前三的是福建海洋研究所
（53.29 万元/人）、福建省农业科学院农业生物资源研究所（52.01 万元/人）、福建省农
业科学院作物研究所（46.21 万元/人）。

表 4-2　2016—2020 年福建省属公益类科研院所人均在研科技课题

项目	2016 年	2017 年	2018 年	2019 年	2020 年
人均在研科技课题（项/人）	0.90	0.84	0.89	0.92	0.91
人均在研科技课题经费内部支出（万元/人）	17.09	16.71	20.97	20.32	21.20

4.2 在研 R&D 课题

4.2.1 在研 R&D 课题来源

"十三五"期间，在研 R&D 课题经费内部支出 1 792 202.70 万元，年均增长率为 10.73%。国家科技课题、地方科技课题、企业委托科技课题、自选科技课题、国际合作科技课题、其他科技课题 6 类在研 R&D 课题经费内部支出分别占 25.40%、58.75%、2.25%、9.59%、0.03%、3.98%，年均增长率分别为 0.30%、11.65%、167.45%、24.51%、55.03%、16.91%（表4-3）。

表 4-3　2016—2020 年福建省属公益类科研院所在研 R&D 课题来源

项目	2016 年		2017 年		2018 年		2019 年		2020 年	
	数量（项）	经费内部支出（万元）	数量（项）	经费内部支出（万元）	数量（项）	经费内部支出（万元）	数量（项）	经费内部支出（万元）	数量（项）	经费内部支出（万元）
合计	1 535	26 840.99	1 504	30 747.40	1 735	41 829.13	1 803	39 454.00	1 763	40 348.75
国家科技课题	187	8 203.44	173	9 242.30	187	11 355.94	188	8 412.20	168	8 302.46
地方科技课题	1 102	15 908.47	1 022	17 951.36	1 169	23 851.60	1 183	22 858.90	1 206	24 723.91
企业委托科技课题	5	27.02	49	204.20	59	430.49	91	1 985.42	86	1 382.41
自选科技课题	170	1 615.96	189	2 390.33	247	4 672.96	259	4 623.82	219	3 883.74
国际合作科技课题	1	6.96	1	8.30	0	0	0	0	1	40.20
其他科技课题	70	1 079.14	70	950.91	73	1 518.14	82	1 573.66	83	2 016.03

2020 年，在研 R&D 课题 1 763 项，比 2016 年增长 14.85%。在研 R&D 课题经费内部支出 40 348.75 万元，比 2016 年增长 50.33%。其中国际合作科技课题和其他科技课题经费内部支出中政府资金占比达 100%，企业委托科技课题经费内部支出中政府资金占14.09%（图4-2）。

4.2.2 人均在研 R&D 课题来源

"十三五"期间，人均在研 R&D 课题数量和人均在研 R&D 课题经费内部支出年均增长率分别为 2.90% 和 10.17%。

2020 年，人均在研 R&D 课题数量 0.74 项/人，人均在研 R&D 课题经常费内部支出 16.90 万元/人，比 2016 年增长 47.34%（表 4-4）。

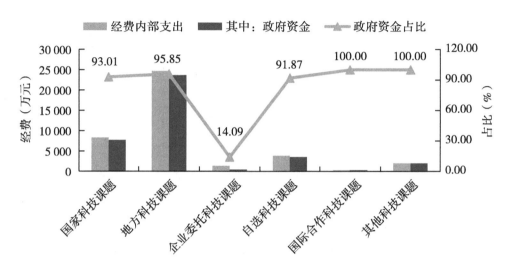

图 4-2　2020 年福建省属公益类科研院所在研 R&D 课题经费内部支出

表 4-4　2016—2020 年福建省属公益类科研院所人均在研 R&D 课题

项目	2016 年	2017 年	2018 年	2019 年	2020 年
人均在研 R&D 课题（项/人）	0.66	0.62	0.70	0.74	0.74
人均在研 R&D 课题经费内部支出（万元/人）	11.47	12.61	16.98	16.21	16.90

4.3　新增科技课题

4.3.1　新增课题来源

"十三五"期间，新增科技课题数量 4 018 项，年均增长率为 -4.75%。新增科技课题合同金额 123 330.37 万元，年均增长率为 -7.86%。其中国家科技课题、地方科技课题、其他科技课题合同金额分别占 27.31%、53.03%、19.66%。总体上各类新增科技课题和新增科技课题合同金额均呈现较大的下降趋势（表 4-5）。

表4-5　2016—2020年福建省属公益类科研院所新增科技课题来源

项目	2016年		2017年		2018年		2019年		2020年	
课题数	数量（项）	增长率（%）	数量（项）	增长率（%）	数量（项）	增长率（%）	数量（项）	增长率（%）	数量（项）	增长率（%）
合计	843	—	847	0.47	821	-3.07	813	-0.97	694	-14.64
国家科技课题	112	—	91	-18.75	93	2.20	84	-9.68	59	-29.76
地方科技课题	457	—	400	-12.47	449	12.25	460	2.45	434	-5.65
其他科技课题	274	—	356	29.93	279	-21.63	269	-3.58	201	-25.28
课题合同金额	经费（万元）	增长率（%）	经费（万元）	增长率（%）	经费（万元）	增长率（%）	经费（万元）	增长率（%）	经费（万元）	增长率（%）
合计	24 087.86	—	37 179.69	54.35	20 698.89	-44.33	24 005.73	15.98	17 358.20	-27.69
国家科技课题	11 543.63	—	8 796.71	-23.80	5 960.00	-32.25	4 921.68	-17.42	2 458.15	-50.05
地方科技课题	10 036.91	—	21 009.15	109.32	10 823.49	-48.48	13 848.80	27.95	9 682.70	-30.08
其他科技课题	2 507.32	—	7 373.83	194.09	3 915.40	-46.90	5 235.25	33.71	5 217.35	-0.34

2020年，新增科技课题694项，其中国家科技课题占8.50%，地方科技课题占62.54%，其他科技课题占28.96%。新增科技课题合同金额17 358.20万元，其中国家科技课题合同金额占14.16%，地方科技课题合同金额占55.78%，其他科技课题合同金额占30.06%（图4-3）。平均每家科研院所新增科技课题19.28项，高于平均水平的科研院所有10家。排名前三名的是福建海洋研究所（90项）、福建师范大学地理研究所（74项）、福建省农业科学院畜牧兽医研究所（46项）。平均每家科研院所新增科技课题合同金额482.17万元，高于平均水平的科研院所有11家。排名前三的是福建海洋研究所（3 554.80万元）、福建师范大学地理研究所（1 988.00万元）、福建省农业科学院茶叶研究所（1 179.00万元）。

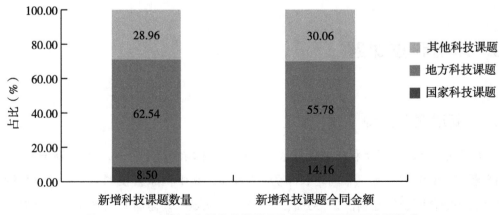

图4-3　2020年福建省属公益类科研院所新增科技课题来源构成

4.3.2　新增课题类型

"十三五"期间，基础研究、应用研究、试验发展、研究与试验发展成果应用、技术推广与科技服务 5 类新增科技课题，在数量上的年均增长率分别为-0.99%、13.62%、-9.55%、-8.42%、-22.10%，在合同金额上的年均增长率分别为 4.43%、20.63%、-22.70%、-1.45%、-15.19%。仅应用研究新增课题和新增合同金额均处于增长趋势（表 4-6）。

表 4-6　2016—2020 年福建省属公益类科研院所新增科技课题类型

项目	2016 年		2017 年		2018 年		2019 年		2020 年	
课题数	数量（项）	增长率（%）	数量（项）	增长率（%）	数量（项）	增长率（%）	数量（项）	增长率（%）	数量（项）	增长率（%）
合计	843	—	847	0.47	821	-3.07	813	-0.97	694	-14.64
基础研究	128	—	112	-12.50	127	13.39	132	3.94	123	-6.82
应用研究	156	—	182	16.67	199	9.34	269	35.18	260	-3.35
试验发展	248	—	211	-14.92	250	18.48	230	-8.00	166	-27.83
研究与试验发展成果应用	91	—	117	28.57	73	-37.61	69	-5.48	64	-7.25
技术推广与科技服务	220	—	225	2.27	172	-23.56	113	-34.30	81	-28.32
课题合同金额	经费（万元）	增长率（%）	经费（万元）	增长率（%）	经费（万元）	增长率（%）	经费（万元）	增长率（%）	经费（万元）	增长率（%）
合计	24 087.86	—	37 179.69	54.35	20 698.89	-44.33	24 005.73	15.98	17 358.20	-27.69
基础研究	2 682.64	—	2 893.70	7.87	2 551.20	-11.84	4 305.40	68.76	3 190.40	-25.90
应用研究	2 748.09	—	4 441.79	61.63	3 031.66	-31.75	7 379.70	143.42	5 818.60	-21.15
试验发展	13 196.11	—	19 438.54	47.31	8 952.93	-53.94	7 512.23	-16.09	4 712.70	-37.27
研究与试验发展成果应用	1 903.55	—	7 031.95	269.41	1 758.00	-75.00	2 392.85	36.11	1 795.80	-24.95
技术推广与科技服务	3 557.47	—	3 373.71	-5.17	4 405.10	30.57	2 415.55	-45.16	1 840.70	-23.80

2020 年，新增科技课题数量中基础研究类占 17.72%，应用研究类占 37.46%，试验发展类占 23.92%，研究与试验发展成果应用类占 9.22%，技术推广与科技服务类占 11.67%。新增科技课题合同金额中基础研究类占 18.38%，应用研究类占 33.52%，试验发展类占 27.15%，研究与试验发展成果应用类占 10.35%，技术推广与科技服务类占 10.60%（图 4-4）。

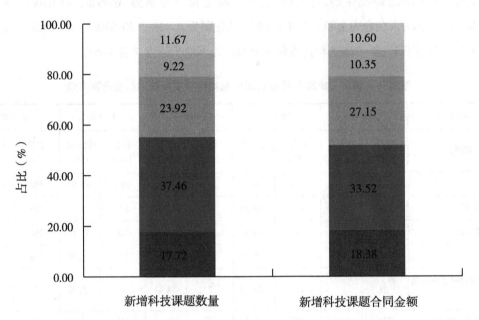

图 4-4　2020 年福建省属公益类科研院所新增科技课题类型构成

4.3.3　新增课题合作形式

"十三五"期间，独立研究占比 77.69%～81.70%，合作研究占比 14.02%～17.91%。

2020 年，新增科技课题中主要以独立研究为主，共 567 项，占 81.70%。合作研究共 103 项，占 14.84%（表 4-7、图 4-5）。

表 4-7　2016—2020 年福建省属公益类科研院所新增科技课题合作形式

项目	2016 年		2017 年		2018 年		2019 年		2020 年	
	数量（项）	占比（%）	数量（项）	占比（%）	数量（项）	占比（%）	数量（项）	占比（%）	数量（项）	占比（%）
合计	843	100.00	847	100.00	821	100.00	813	100.00	694	100.00
独立研究	688	81.61	658	77.69	670	81.61	657	80.81	567	81.70
合作研究	151	17.91	173	20.43	123	14.98	114	14.02	103	14.84
其他	4	0.47	16	1.89	28	3.41	42	5.17	24	3.46

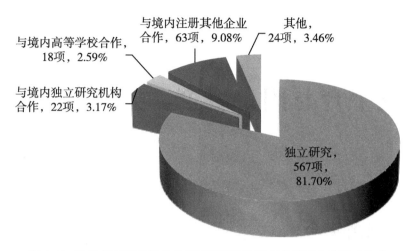

图 4-5　2020 年福建省属公益类科研院所新增科技课题合作形式构成

4.3.4　人均新增课题

"十三五"期间，人均新增科技课题数量和人均新增科技课题合同金额年均增长率分别为-5.26%和-8.32%。

2020 年，人均新增科技课题 0.29 项/人。高于平均水平的科研院所有 14 家。排名前三的是福建师范大学地理研究所（2.47 项/人）、福建海洋研究所（1.38 项/人）、福建省农业科学院农业经济与科技信息研究所（0.93 项/人）。人均新增科技课题合同金额 7.27 万元。高于平均水平的科研院所有 10 家。排名前三的是福建师范大学地理研究所（66.27 万元/人）、福建海洋研究所（54.69 万元/人）、福建省农业科学院茶叶研究所（17.34 万元/人）（表 4-8）。

表 4-8　2016—2020 年福建省属公益类科研院所人均新增科技课题

项目	2016 年	2017 年	2018 年	2019 年	2020 年
人均新增科技课题（项/人）	0.36	0.35	0.33	0.33	0.29
人均新增科技课题合同金额（万元/人）	10.29	15.25	8.40	9.86	7.27

5 科技平台与固定资产

5.1 科技创新平台

"十三五"期间，共新增科学与工程研究类科技创新平台3个，技术创新与成果转化类科技创新平台12个（占40.00%），基础支撑与条件保障类科技创新平台3个。2020年，新增1个由科学技术部认定的基础支撑与条件保障类平台，为福建师范大学地理研究所承担的"福建三明森林生态系统与全球变化国家野外科学观测研究站"。新增2个技术创新与成果转化类平台，均由福建省农业科学院植物保护研究所承担，分别是福建省发展和改革委员会认定的"福建省作物有害生物绿色防控工程研究中心"和国家农业生物安全科学中心认定的"国家农业生物安全科学中心华东分中心"。

截至2020年，共有22家省属公益类科研院所承担73个科技创新平台的建设任务。科学与工程研究类科技创新平台26个（其中国家级3个），技术创新与成果转化类科技创新平台30个（其中国家级4个），基础支撑与条件保障类科技创新平台17个（其中国家级1个）（表5-1）。

表5-1 截至2020年福建省属公益类科研院所科技创新平台

平台名称	依托单位	审批部门	审批时间
科学与工程研究类			
水稻国家工程实验室	福建省农业科学院水稻研究所	国家发展和改革委员会	2011年
湿润亚热带山地生态重点实验室	福建师范大学地理研究所	国家科学技术部	2014年
福建省作物种质创新与分子育种重点实验室	福建省农业科学院水稻研究所	国家科学技术部	2010年
福建省作物分子育种工程实验室	福建省农业科学院水稻研究所	福建省发展和改革委员会	2008年
福建省农产品质量安全重点实验室	福建省农业科学院农业质量标准与检测技术研究所	福建省科学技术厅	2019年

（续表）

平台名称	依托单位	审批部门	审批时间
科学与工程研究类			
福建省蔬菜遗传育种重点实验室	福建省农业科学院作物研究所	福建省科学技术厅	2019 年
福建省力值计量测试重点实验室	福建省计量科学研究院	福建省科学技术厅	2019 年
福建省禽病防治重点实验室	福建省农业科学院畜牧兽医研究所	福建省科学技术厅	2015 年
福建省作物有害生物监测与治理重点实验室	福建省农业科学院植物保护研究所	福建省科学技术厅	2015 年
福建省经络感传重点实验室	福建省中医药研究院	福建省科学技术厅	2015 年
福建省中医睡眠医学重点实验室	福建省中医药研究院	福建省科学技术厅	2015 年
福建省海岛与海岸带管理技术研究重点实验室	福建海洋研究所	福建省科学技术厅	2013 年
福建省农产品（食品）加工重点实验室	福建省农业科学院农业工程技术研究所	福建省科学技术厅	2013 年
福建省红壤山地农业生态过程重点实验室	福建省农业科学院农业生态研究所	福建省科学技术厅	2013 年
福建省海洋生物增养殖与高值化利用重点实验室	福建省水产研究所	福建省科学技术厅	2013 年
福建省能源计量重点实验室	福建省计量科学研究院	福建省科学技术厅	2010 年
福建省信息网络工程重点实验室	福建省科学技术信息研究所	福建省科学技术厅	2008 年
福建省森林培育与林产品加工利用重点实验室	福建省林业科学研究院	福建省科学技术厅	2008 年
福建省医学测试重点实验室	福建省医学科学研究院	福建省科学技术厅	2008 年
福建省环境工程重点实验室	福建省环境科学研究院	福建省科学技术厅	2008 年
福建省农业遗传工程重点实验室	福建省农业科学院生物技术研究所	福建省科学技术厅	2004 年
国家新药（微生物）筛选实验室（福建）	福建省微生物研究所	福建省科学技术厅	2001 年
华南杂交水稻种质创新与分子育种重点实验室	福建省农业科学院水稻研究所	农业部（2018 年 3 月，更名为农业农村部，下同）	2011 年
南方山地用材林培育国家林业局重点实验室	福建省林业科学研究院	国家林业局	1995 年
经络研究重点研究室	福建省中医药研究院	国家中医药管理局	2009 年
针灸生理实验室（三级）	福建省中医药研究院	国家中医药管理局	2009 年
技术创新与成果转化类			
海洋生物种业技术国家地方联合工程研究中心	福建省水产研究所	国家发展和改革委员会	2017 年
微生物新药研制技术国家地方联合工程研究中心	福建省微生物研究所	国家发展和改革委员会	2017 年

（续表）

平台名称	依托单位	审批部门	审批时间
技术创新与成果转化类			
微生物菌剂开发与应用国家地方联合工程研究中心	福建省农业科学院农业生物资源研究所	国家发展和改革委员会	2016 年
特色食用菌繁育与栽培国家地方联合工程研究中心	福建省农业科学院食用菌研究所	国家发展和改革委员会	2013 年
国家农业生物安全科学中心华东分中心	福建省农业科学院植物保护研究所	国家农业生物安全科学中心	2020 年
福建省作物有害生物绿色防控工程研究中心	福建省农业科学院植物保护研究所	福建省发展和改革委员会	2020 年
福建省兽用疫苗工程研究中心	福建省农业科学院畜牧兽医研究所	福建省发展和改革委员会	2018 年
福建省红曲微生物技术开发应用工程研究中心	福建省微生物研究所	福建省发展和改革委员会	2017 年
福建省食品生物发酵技术工程研究中心	福建省农业科学院农业工程技术研究所	福建省发展和改革委员会	2017 年
福建省落叶果树工程技术研究中心	福建省农业科学院果树研究所	福建省科学技术厅	2017 年
福建省农产品发酵加工工程技术研究中心	福建省农业科学院农业工程技术研究所	福建省科学技术厅	2017 年
福建省特色旱作物品种选育工程技术研究中心	福建省农业科学院作物研究所	福建省科学技术厅	2017 年
福建省木麻黄工程技术研究中心	福建省林业科学研究院	福建省科学技术厅	2016 年
福建省茶树育种工程技术研究中心	福建省农业科学院茶叶研究所	福建省科学技术厅	2015 年
福建省地力培育工程技术研究中心	福建省农业科学院土壤肥料研究所	福建省科学技术厅	2015 年
福建省陆地灾害监测评估工程技术研究中心	福建师范大学地理研究所	福建省科学技术厅	2013 年
福建省蔬菜工程技术研究中心	福建省农业科学院作物研究所	福建省科学技术厅	2012 年
福建省特色花卉工程技术研究中心	福建省农业科学院作物研究所	福建省科学技术厅	2012 年
福建省丘陵地区循环农业工程技术研究中心	福建省农业科学院农业生态研究所	福建省科学技术厅	2010 年
福建省农业生物药物工程技术研究中心	福建省农业科学院农业生物资源研究所	福建省科学技术厅	2010 年
福建省水产病害防治工程技术研究中心	福建省农业科学院生物技术研究所	福建省科学技术厅	2009 年
福建省食用菌工程技术研究中心	福建省农业科学院食用菌研究所	福建省科学技术厅	2009 年
福建省农作物害虫天敌资源工程技术研究中心	福建省农业科学院植物保护研究所	福建省科学技术厅	2008 年
福建省山地草业工程技术研究中心	福建省农业科学院农业生态研究所	福建省科学技术厅	2005 年
福建省农作物品种抗性工程技术研究中心	福建省农业科学院植物保护研究所	福建省科学技术厅	2005 年

（续表）

平台名称	依托单位	审批部门	审批时间
技术创新与成果转化类			
福建省龙眼枇杷育种工程技术研究中心	福建省农业科学院果树研究所	福建省科学技术厅	2004 年
福建省畜禽疫病防治工程技术研究中心	福建省农业科学院畜牧兽医研究所	福建省科学技术厅	2004 年
福建省杂交水稻育种工程技术研究中心	福建省农业科学院水稻研究所	福建省科学技术厅	2004 年
福建省水稻转基因育种工程技术研究中心	福建省农业科学院生物技术研究所	福建省科学技术厅	2002 年
杉木工程技术研究中心	福建省林业科学研究院	国家林业局	2013 年
基础支撑与条件保障类			
福建三明森林生态系统与全球变化国家野外科学观测研究站	福建师范大学地理研究所	科学技术部	2020 年
福建省科技文献资源共享服务平台	福建省科学技术信息研究所	福建省科学技术厅	2014 年
福建省海上环境调查监测技术公共服务平台	福建海洋研究所	福建省科学技术厅	2013 年
福建省农村科技信息资源共享与服务平台	福建省农业科学院	福建省科学技术厅	2013 年
福建省茶树种质资源共享平台	福建省农业科学院茶叶研究所	福建省科学技术厅	2013 年
福建中药种质资源保护利用与共享平台	福建省农业科学院农业生物资源研究所	福建省科学技术厅	2013 年
福建省武夷山生物多样性研究信息资源共享平台	福建省武夷山生物研究所	福建省科学技术厅	2013 年
闽侯农田生态系统福建省野外科学观测研究站	福建省农业科学院土壤肥料研究所	福建省科学技术厅	2018 年
国家土壤质量福安观测实验站	福建省农业科学院茶叶研究所	农业农村部	2019 年
福建茶树及乌龙茶加工科学观测实验站	福建省农业科学院茶叶研究所	农业部	2011 年
福州农业环境科学观测实验站	福建省农业科学院农业生态研究所	农业部	2011 年
东南区域农业微生物资源利用科学观测实验站	福建省农业科学院农业生物资源研究所	农业部	2011 年
福建耕地保育科学观测实验站	福建省农业科学院土壤肥料研究所	农业部	2011 年
作物基因资源与种质创制福建科学观测实验站	福建省农业科学院水稻研究所	农业部	2011 年
南方薯类科学观测实验站	福建省农业科学院作物研究所	农业部	2011 年
福州热带作物科学观测实验站	福建省农业科学院农业生物资源研究所	农业部	2010 年
福州作物有害生物科学观测实验站	福建省农业科学院植物保护研究所	农业部	2010 年

5.2 科技服务平台

"十三五"期间,共增加检验检测(计量)类科技服务平台3个,资格认定类科技服务平台2个。

截至2020年,共有20家科研院所承担32个科技服务平台工作。其中品种改良和加工中心6个,检验检测(计量)平台16个,查新咨询平台3个,资格认定平台4个,科技合作基地3个(表5-2)。

表5-2 截至2020年福建省属公益类科研院所科技服务平台

平台名称	依托单位	审批部门	审批时间
品种改良和加工中心			
国家热带水果改良中心福州龙眼分中心	福建省农业科学院果树研究所	农业部	2015年
国家茶树改良中心福建分中心	福建省农业科学院茶叶研究所	农业部	2014年
国家水稻改良中心福州分中心	福建省农业科学院水稻研究所	农业部	2000年
国家红萍资源中心(国家红萍品种资源圃)	福建省农业科学院生态研究所	农业部	1987年
国家海水鱼类加工技术研发分中心	福建省水产研究所	农业部	2010年
国家食用菌加工技术研发分中心	福建省农业科学院农业工程技术研究所	农业部	2008年
检验检测(计量)平台			
全国名特优新农产品全程质量控制技术福州中心	福建省农业科学院农业质量标准与检测技术研究所	农业农村部	2019年
全国名特优新农产品营养品质评价鉴定机构	福建省农业科学院农业质量标准与检测技术研究所	农业农村部	2018年
植物新品种测试福州分中心	福建省农业科学院作物研究所	农业部	2017年
农产品质量安全风险评估实验站	福建省水产研究所	农业部	2014年
渔业产品质量监督检验测试中心(厦门)	福建省水产研究所	农业部	2012年
农产品质量安全监督检验测试中心	福建省水产研究所	农业部	2012年
农产品质量安全风险评估(福州)实验室	福建省农业科学院农业质量标准与检测技术研究所	农业部	2011年
福建省职业危害检测与鉴定实验室	福建省安全生科学研究院	应急管理部	2008年

（续表）

平台名称	依托单位	审批部门	审批时间
林产品质量检验检测中心（福州）	福建省林业科学研究院	国家林业局	2013 年
国家光伏产业计量测试中心	福建省计量科学研究院	国家市场监督管理总局	2013 年
国家蒸汽流量计产品质量监督检验中心	福建省计量科学研究院	国家市场监督管理总局	2010 年
国家城市能源计量中心（福建）	福建省计量科学研究院	国家市场监督管理总局	2008 年
检验检测（计量）平台			
省级中药原料质量监测技术服务中心	福建省中医药研究院	国家中医药管理局	2014 年
机械工业农机及泵类产品质量检测中心（福州）	福建省农业机械化研究所	中国合格评定国家认可委员会	2009 年
认可实验室	福建省农业科学院农业质量标准与检测技术研究所	中国合格评定国家认可委员会	2007 年
ABSL-3 实验室	福建省农业科学院畜牧兽医研究所	中国合格评定国家认可委员会	2006 年
查新咨询平台			
查新检索中心	福建省农业科学院农业经济与科技信息研究所	福建省科学技术厅	1998 年
福建省科技查新中心	福建省科学技术信息研究所	福建省科学技术厅	1995 年
医药卫生科技项目查新咨询单位	福建省医学科学研究院	国家卫生健康委员会	2002 年
资格认定平台			
农药环境安全评价中心	福建省农业科学院植物保护研究所	农业农村部	2019 年
农药登记试验单位及试验范围	福建省农业科学院植物保护研究所	农业农村部	2019 年
农药登记试验单位	福建省农业科学院果树研究所	农业部	2014 年
药物临床试验机构	福建省中医药研究院	国家市场监督管理总局	2013 年
科技合作基地			
福建省闽台科技合作基地	福建省水产研究所	福建省科学技术厅	2015 年
福建省闽台科技合作基地	福建省中医药研究院	福建省科学技术厅	2015 年
海西农业微生物菌剂国际科技合作基地	福建省农业科学院农业生物资源研究所	科学技术部国际合作司	2015 年

5.3 科技期刊平台

截至 2020 年，共有 15 家科研院所主办（承办）16 种科技期刊的出版工作，其中季刊 6 种，双月刊 7 种，月刊 3 种（表5-3）。

表5-3 截至 2020 年福建省属公益类科研院所主办（承办）的科技期刊

刊名	主办（承办）单位	主管单位	创刊时间	刊期
茶叶学报	福建省农业科学院茶叶研究所	福建省农业科学院	1960 年	季刊
福建农业科技	福建省农业科学院、福建省农学会	福建省农业科学院	1970 年	季刊
渔业研究	福建省水产研究所、福建省水产学会	福建省海洋与渔业局	1972 年	双月刊
东南园艺	福建省农业科学院果树研究所、福建省农业厅种植业管理局	福建省农业科学院	1973 年	双月刊
福建林业科技	福建省林业科学研究院、福建林业学会	福建省林业局	1974 年	季刊
福建热作科技	福建省热带作物科学研究所、福建省热带作物学会等	福建省农业农村厅	1975 年	季刊
福建畜牧兽医	福建省农业科学院畜牧兽医研究所、福建省畜牧兽医学会等	福建省农业科学院	1979 年	双月刊
福建医药杂志	中华医学会福建分会（主办）、福建省医学科学研究院（承办）	福建省卫生健康委员会	1979 年	双月刊
情报探索	福建省科学技术情报学会、福建省科学技术信息研究所	福建省科学技术协会	1981 年	月刊
质量技术监督研究	福建省标准化研究院	福建省质量技术监督局	1983 年	双月刊
台湾农业探索	福建省农业科学院农业经济与科技信息研究所	福建省农业科学院	1984 年	双月刊
安全与健康	福建省安全生产科学研究院	福建省安全生产委员会	1986 年	月刊
福建农业学报	福建省农业科学院	福建省农业科学院	1986 年	月刊
亚热带资源与环境学报	福建师范大学地理研究所	福建师范大学	1986 年	季刊
福建分析测试	福建省测试技术研究所	福建省科学技术厅	1992 年	双月刊
福建稻麦科技	福建省农业科学院水稻研究所	福建省农业科学院	1993 年	季刊

5.4 固定资产与科学仪器设备

5.4.1 固定资产

"十三五"期间，固定资产年均增长率为11.73%，其中科研房屋建筑物年均增长率11.03%，科学仪器设备年均增长率10.87%。人均科研仪器设备年均增长率10.32%。

截至2020年，年末固定资产原值174 913.10万元，比2016年增长55.85%。其中科研房屋建筑物占33.00%，科学仪器设备占51.07%。人均科研仪器设备37.40万元/人，比2016年增长48.12%（表5-4）。

表5-4　2016—2020年福建省属公益类科研院所固定资产

项目	2016 年	2017 年	2018 年	2019 年	2020 年
年末固定资产原值（万元）	112 231.20	126 977.20	151 304.50	164 707.40	174 913.10
其中：科研房屋建筑物	37 987.90	40 701.70	54 294.10	58 049.00	57 727.10
科学仪器设备	59 121.70	66 311.90	74 693.90	80 663.80	89 322.50
其中：进口	20 062.80	14 584.50	22 043.40	14 056.70	15 371.40
人均科研仪器设备（万元/人）	25.25	27.20	30.33	33.14	37.40

5.4.2 科学仪器设备

截至2020年，科学仪器设备数量31 035台（套），设备原值89 322.50万元。单价100万元以上科学仪器设备数量78台（套），设备原值20 008.30万元（表5-5）。

表5-5　2020年福建省属公益类科研院所科研仪器设备

数量［台（套）］	科学仪器设备数量	其中：当年新增	单价100万元以上科学仪器设备数	其中：当年新增
	31 035	1 880	78	10
金额（万元）	科学仪器设备原值	其中：当年新增	单价100万元以上科学仪器设备原值	其中：当年新增
	89 322.50	8 392.50	20 008.30	2 795.30

截至2020年，平均每家科研院所科学仪器设备经费2 481.18万元，高于平均水平的有10家科研院所。排名前三的是福建省计量科学研究院（26 296.90万元）、福建省水产研

究所（7 354. 30万元）、福建省淡水水产研究所（5 287. 90万元）。

　　截至 2020 年，人均科研仪器设备经费 37. 40 万元/人，高于人均水平的有 9 家科研院所。排名前三的是福建省计量科学研究院（109. 57 万元/人）、福建省淡水水产研究所（71. 46 万元/人）、福建省农业科学院农业生物资源研究所（60. 19 万元/人）。

6 科技研发成果

6.1 获奖成果

6.1.1 福建省科学技术奖

"十三五"期间，省属公益类科研院所共获"福建省科学技术奖"70项，其中科学技术重大贡献奖1人，一等奖11项，二等奖23项，三等奖35项（表6-1）。

表6-1 2016—2020年福建省属公益类科研院所获"福建省科学技术奖"

年份	科学技术进步奖			科学技术重大贡献奖（人）
	一等奖（项）	二等奖（项）	三等奖（项）	
2020	1	4	9	0
2019	2	3	6	0
2018	3	5	6	1
2017	1	6	6	0
2016	4	5	8	0
合计	11	23	35	1

共有11家科研院所获14项2020年度"福建省科学技术进步奖"，其中一等奖1项，二等奖4项，三等奖9项（表6-2）。

表6-2 福建省属公益类科研院所获2020年度"福建省科学技术进步奖"

序号	项目名称	完成单位	完成人	获奖等级
科技进步奖（14项）				
1	福建特色海洋生物高值化开发技术与产业化应用	福建省水产研究所、自然资源部第三海洋研究所、厦门医学院、集美大学、厦门市岛之原生物科技有限公司、福建罗屿岛食品有限公司、蛤老大（福建）食品有限公司、厦门洋江食品有限公司	刘智禹、洪碧红、吴靖娜、翁武银、乔琨、陈贝、熊何健、苏永昌、刘淑集、蔡水淋	一等奖

（续表）

序号	项目名称	完成单位	完成人	获奖等级
2	大宗淡水鱼良种扩繁及山塘稻田绿色养殖模式创新与应用	福建省淡水水产研究所、福建省顺昌县兆兴鱼种养殖有限公司、顺昌县水产技术推广站、清流县水产技术推广站、武夷山市水产技术推广站、福州市海洋与渔业技术中心	樊海平、薛凌展、吴　斌、秦志清、邓志武、林德忠、杜聪致	二等奖
3	绿僵菌核心资源发掘及其防控林业害虫关键技术创新与应用	福建省林业科学研究院、厦门大学、龙岩市新罗区森林病虫害防治检疫站、福州植物园、泉州森林公园管理处、南平市建阳区营林技术指导站	何学友、蔡守平、郑　宏、周军现、陈文玉、韩国勇、龚辉	二等奖
4	猪细菌性呼吸道病流行病学、病原学及防治技术研究与应用	福建省农业科学院畜牧兽医研究所、福建省农业科学院生物技术研究所	周伦江、车勇良、方勤美、王隆柏、林　琳、张世忠、王晨燕	二等奖
5	蔬菜烟粉虱成灾机制及防控关键技术研究与应用	福建省农业科学院植物保护研究所、北京市农林科学院、陕西上格之路生物科学有限公司	何玉仙、罗　晨、姚凤銮、郑　宇、王　然、赵建伟、翁启勇	二等奖
6	福建省野生果树资源调查、收集与创新利用	福建省农业科学院果树研究所	韦晓霞、叶新福、吴如健、林朝楷、余孟杨	三等奖
7	福建晚熟龙眼产业化关键技术研究与应用	福建省农业科学院果树研究所、宁德市经济作物技术推广站、宁德市高龙绿色农业有限公司	魏秀清、许家辉、袁　韬、许　玲、张富民	三等奖
8	红曲黄酒优良菌株选育与酿造关键技术创新应用	福建省农业科学院农业工程技术研究所、福建师范大学、福建屏湖红生物科技有限公司、福建福老酒业有限公司	何志刚、梁璋成、林晓姿、任香芸、李相友	三等奖
9	南方丘陵茶园退化阻控与生态修复模式及关键技术	福建省农业科学院农业生态研究所、福建省环境监测中心站	王义祥、刘明香、罗旭辉、李振武、杨冬雪	三等奖
10	七叶一枝花种质资源搜集筛选及仿生态种植关键技术研究与应用	福建省农业科学院农业生物资源研究所、中国医学科学院药用植物研究所、福建省农业科学院生物技术研究所、三明市农业科学研究院	苏海兰、方少忠、李先恩、郑梅霞、周建金	三等奖
11	茉莉花茶品质形成机制及其窨制技术研究与应用	福建省农业科学院农业生物资源研究所、福州市果树良种场、闽榕茶业有限公司、福州市经济作物技术站	陈梅春、陈思聪、严锦华、王艳娜、林增钦	三等奖
12	水稻重要病害绿色防控及减药增效关键技术研究与应用	福建省农业科学院植物保护研究所、福建省农业科学院水稻研究所、江苏辉丰生物农业股份有限公司、溧阳中南化工有限公司	陈福如、石妞妞、阮宏椿、董瑞霞、杜宜新	三等奖
13	福建兰科植物重要病害病原鉴定及综合防控技术研发应用	福建省农业科学院植物保护研究所、福建百秾生态科技有限公司、福建星鼎建设有限公司	姚锦爱、余德亿、黄　鹏、蓝炎阳、陈　峰	三等奖
14	福建山区极端降水事件洪涝灾害风险分析	福建省水利水电科学研究院、中国水利水电科学研究院	曲丽英、刘荣华、范东辉、侯艳茹、王雨雨	三等奖

6.1.2　福建省标准贡献奖

"十三五"期间，共获"福建省标准贡献奖"11 项，其中二等奖 6 项，三等奖 5 项（表 6-3）。

表 6-3　2016—2020 年福建省属公益类科研院所获"福建省标准贡献奖"　（单位：项）

年份	一等奖	二等奖	三等奖
2020	0	1	2
2018	0	4	2
2016	0	1	1
合计	0	6	5

注：福建省标准贡献奖每两年评选一次。

共有 2 家科研院所获 3 项 2020 年度"福建省标准贡献奖"，其中二等奖 1 项，三等奖 2 项（表 6-4）。

表 6-4　福建省属公益类科研院所获 2020 年度"福建省标准贡献奖"

序号	项目名称	主要完成单位	主要完成人	奖励等级
1	美丽乡村建设评价（GB/T 37072—2018）	福建省标准化研究院、福建省市场监督管理局、长泰县人民政府、永春县人民政府、沙县人民政府、福建农林大学、大田县人民政府	王彬彬、程 军、程晓明、董秀云、归洪波、刘绍文、朱朝枝、江 文、林孟朝、李海晏、黄勇仕、吴水星、吴祥辉、吴伟健	二等奖
2	食品质量安全追溯码编码技术规范（DB35/T 1711—2017）	福建省标准化研究院、福建省市场监督管理局、福建省农业信息中心、福建省海洋与渔业局、福建省粮食和物资储备局、福建省盐业集团有限责任公司、三维码（厦门）网络科技有限公司	周顺骥、吴 宏、王向民、李海明、叶 夏、邱西敏、林兆宇、魏永国、张玉英、王航环	三等奖
3	花鳗鲡精养池塘养殖技术规范（DB35/T 1577—2016）	福建省淡水水产研究所、福建天马科技集团股份有限公司	樊海平、钟全福、张蕉霖、叶小军、林 煜、卓玉琛	三等奖

6.1.3　福建省专利奖

"十三五"期间，共获"福建省专利奖"4 项，其中二等奖 1 项、三等奖 3 项（表 6-5）。

表 6-5　2016—2020 年福建省属公益类科研院所"福建省专利奖"　（单位：项）

年份	特等奖	一等奖	二等奖	三等奖
2019	0	0	1	2
2017	0	0	0	1
合计	0	0	1	3

6.1.4 福建省社会科学优秀成果奖

"十三五"期间，共获"福建省社会科学优秀成果奖"8 项，其中二等奖 1 项、三等奖 6 项、青年佳作奖 1 项（表6-6）。

表 6-6 2016—2020 年福建省属公益类科研院所"福建省社会科学优秀成果奖"（单位：项）

年份	届别	一等奖	二等奖	三等奖	青年佳作奖
2019	第十三届	0	0	1	1
2018	第十二届	0	1	1	0
2016	第十一届	0	0	4	0
合计	—	0	1	6	1

6.2 论文论著

"十三五"期间，共发表科技论文 5 683 篇，其中 SCI 或 SSCI 收录论文占 12.99%，国内三大核心期刊源收录论文占 30.49%。出版科技著作 112 本，其中专著占 21.43%，编著占 77.68%（表6-7）。

表 6-7 2016—2020 年福建省属公益类科研院所发表论文和出版论著

项目	2016 年	2017 年	2018 年	2019 年	2020 年
发表科技论文（篇）	1 166	1 204	1 215	1 119	979
其中：SCI 收录	119	143	152	163	154
SSCI 收录	0	0	2	1	4
国内三大核心期刊源收录	382	364	370	360	257
出版科技著作（本）	13	19	23	25	32
其中：专著	4	2	5	5	8
译著	1	0	0	0	0
编著	8	17	18	20	24

注：SCI 收录论文统计"第一作者或通讯作者"的论文。

2020 年，发表科技论文 979 篇。其中 SCI 154 篇，占 15.73%。被国内三大核心期刊源收录 257 篇，占 26.25%。共有 24 家科研院所发表 SCI 论文。排名前三的是福建师范大学地理研究所发表 38 篇，占 24.68%。厦门大学抗癌研究中心 15 篇，占 9.74%。福建省农业科学院植物保护研究所 13 篇，占 8.44%（表 6-8）。平均每家科研院所发表科技论文 27.19 篇，排名前三的是福建省农业科学院畜牧兽医研究所（97 篇）、福建省计量科学研究院（92 篇）、福建师范大学地理研究所（67 篇）。

表 6-8　2020 年福建省属公益类科研院所 SCI 收录论文分布　　　　　（单位：篇）

院所名称	SCI I 区	SCI II 区	SCI III 区	SCI IV 区
合计	15	52	46	41
福建省淡水水产研究所	0	1	0	0
福建省环境科学研究院	0	1	0	0
福建省计量科学研究院	0	2	0	0
福建省林业科学研究院	0	0	0	3
福建省农业科学院茶叶研究所	0	0	0	1
福建省农业科学院畜牧兽医研究所	0	1	1	5
福建省农业科学院果树研究所	0	1	2	5
福建省农业科学院农业工程技术研究所	1	6	1	4
福建省农业科学院农业生态研究所	0	2	0	2
福建省农业科学院农业生物资源研究所	1	4	2	2
福建省农业科学院农业质量标准与检测技术研究所	0	0	1	1
福建省农业科学院生物技术研究所	0	5	3	0
福建省农业科学院食用菌研究所	0	0	1	0
福建省农业科学院水稻研究所	0	2	2	0
福建省农业科学院土壤肥料研究所	0	4	1	1
福建省农业科学院亚热带农业研究所	0	0	1	2
福建省农业科学院植物保护研究所	1	5	5	2
福建省农业科学院作物研究所	0	1	0	4
福建省水产研究所	0	0	1	3

（续表）

院所名称	SCI Ⅰ 区	SCI Ⅱ 区	SCI Ⅲ 区	SCI Ⅳ 区
福建省微生物研究所	0	0	1	0
福建省医学科学研究院	0	1	2	1
福建省中医药研究院	0	0	1	1
福建师范大学地理研究所	10	8	17	3
厦门大学抗癌研究中心	2	8	4	1

注：SCI 分区按照中国科学院分区数据库检索。

2020 年，人均发表科技论文 0.41 篇，排名前三的是福建师范大学地理研究所（2.23 篇/人）、福建省农业科学院果树研究所（0.92 篇/人）、福建省农业科学院亚热带农业研究所（0.86 篇/人）。

2020 年，共有 13 家科研院所出版 32 本著作，其中专著 8 本，编著、主编 24 本（表 6-9）。

表 6-9　2020 年福建省属公益类科研院所出版论著分布　（单位：本）

院所名称	著	编著	主编
合计	8	11	13
福建省农业科学院畜牧兽医研究所	0	0	2
福建省农业科学院果树研究所	1	2	0
福建省农业科学院农业工程技术研究所	1	0	0
福建省农业科学院农业经济与科技信息研究所	1	2	0
福建省农业科学院农业生态研究所	2	0	4
福建省农业科学院农业生物资源研究所	0	4	1
福建省农业科学院农业质量标准与检测技术研究所	0	0	1
福建省农业科学院亚热带农业研究所	1	1	0
福建省农业科学院植物保护研究所	0	1	0
福建省农业科学院作物研究所	1	0	0
福建省中医药研究院	0	1	1
福建师范大学地理研究所	1	0	0
厦门大学抗癌研究中心	0	0	3

6.3 授权专利

"十三五"期间，共获授权专利 1 310 件，年均增长率为 6.51%，其中发明专利占 45.27%，实用新型占 53.28%。专利所有权转让及许可 90 件，转让及许可金额 970.30 万元（表 6-10）。

表 6-10　2016—2020 年福建省属公益类科研院所授权专利

项目	2016 年	2017 年	2018 年	2019 年	2020 年
合计	244	184	259	309	314
其中：发明专利（件）	103	81	107	151	151
实用新型（件）	140	101	148	155	154
外观设计（件）	1	2	4	3	9
截至年末：拥有有效发明专利总数（件）	694	799	770	950	1 159
专利所有权转让及许可数（件）	1	3	29	24	33
专利所有权转让与许可收入（万元）	3	20	347.50	306.30	293.50

2020 年，授权专利数 314 件，比 2016 年增长 28.69%。其中发明授权 151 件，占 48.09%，比 2016 年增长 46.60%。实用新型 154 件，占 49.04%，比 2016 年增长 10.00%。外观设计仅 9 件。专利所有权转让及许可数 33 件，比 2016 年增长 96.97%。专利所有权转让与许可收入为 293.5 万元，比 2016 年增长 98.98%。截至 2020 年，拥有有效发明专利 1 159 件，比 2016 年增长 67.00%。共有 25 家科研院所获专利授权，排名前三的是福建省农业科学院果树研究所（32 件，其中发明授权 16 件）、福建省农业科学院畜牧兽医研究所（30 件，其中发明专利 25 件）、福建省农业科学院土壤肥料研究所（28 件，其中发明专利 3 件）（表 6-11）。

表 6-11　2020 年福建省属公益类科研院所授权专利分布　　　　（单位：件）

院所名称	发明授权	实用新型	外观设计
合计	151	154	9
福建省淡水水产研究所	1	4	0
福建省环境科学研究院	1	0	0

（续表）

院所名称	发明授权	实用新型	外观设计
福建省计量科学研究院	0	12	2
福建省林业科学研究院	6	8	0
福建省农业机械化研究所	0	16	0
福建省农业科学院茶叶研究所	5	1	1
福建省农业科学院畜牧兽医研究所	25	5	0
福建省农业科学院果树研究所	16	16	0
福建省农业科学院农业工程技术研究所	18	5	0
福建省农业科学院农业生态研究所	6	3	0
福建省农业科学院农业生物资源研究所	3	1	0
福建省农业科学院农业质量标准与检测技术研究所	4	12	5
福建省农业科学院生物技术研究所	9	9	0
福建省农业科学院食用菌研究所	2	0	0
福建省农业科学院水稻研究所	4	3	0
福建省农业科学院土壤肥料研究所	3	25	0
福建省农业科学院亚热带农业研究所	7	6	0
福建省农业科学院植物保护研究所	20	7	1
福建省农业科学院作物研究所	4	0	0
福建省热带作物科学研究所	2	5	0
福建省水产研究所	4	6	0
福建省水利水电科学研究院	0	1	0
福建省微生物研究所	9	0	0
福建省中医药研究院	2	5	0
福建师范大学地理研究所	0	4	0

2020 年，人均专利授权 0.13 件。人均专利授权排名前三的是福建省农业科学院土壤肥料研究所（0.48 件/人）、福建省农业科学院植物保护研究所（0.45 件/人）、福建省农业科学院果树研究所（为 0.44 件/人）。

6.4 审（认、鉴）定新品种

"十三五"期间，共获审（认、鉴）定和登记品种 219 项，其中审定品种占 74.89%、认定品种占 5.02%、鉴定品种占 8.22%、登记品种占 11.87%（表 6-12）。

表 6-12 2016—2020 年福建省属公益类科研院所审（认、鉴）定和登记新品种（单位：项）

项目	2016 年	2017 年	2018 年	2019 年	2020 年
合计	37	17	49	14	102
国家品种审定	1	0	4	0	4
国家品种鉴定	4	0	0	0	0
国家品种登记	0	0	8	3	15
省级品种审定	22	14	36	5	78
省级品种认定	10	1	0	0	0
省级品种鉴定	0	2	1	6	5

2020 年，审（认、鉴）定和登记新品种 102 项，其中国家级 19 项，省级 83 项。共有 8 家科研院所承担 102 项新品种审（认、鉴）定和登记（表 6-13）。

表 6-13 2020 年福建省属公益类科研院所审（认、鉴）定和登记新品种分布 （单位：个）

院所名称	国家品种审定	国家品种登记	省级品种审定	省级品种鉴定
合计	4	15	78	5
福建省林业科学研究院	0	0	40	0
福建省农业科学院果树研究所	1	0	0	0
福建省农业科学院生态研究所	0	1	0	0
福建省农业科学院生物技术研究所	1	0	2	0
福建省农业科学院水稻研究所	0	0	33	0
福建省农业科学院亚热带农业研究所	0	0	0	5
福建省农业科学院作物研究所	2	13	3	0
福建省热带作物科学研究所	0	1	0	0

6.5 制定标准

"十三五"期间,共制定标准 88 项,其中国家标准占 7.95%、行业标准占 10.23%、地方标准占 81.82%(表 6-14)。

表 6-14　2016—2020 年福建省属公益类科研院所制定标准　(单位:项)

项目	2016 年	2017 年	2018 年	2019 年	2020 年
合计	17	20	15	17	19
国家标准	1	3	2	0	1
行业标准	1	1	4	0	3
地方标准	15	16	9	17	15

2020 年,制定各级标准 19 项,其中国家标准 1 项,行业标准 3 项,地方标准 15 项。共有 10 家科研院所承担制定 19 项各级标准(表 6-15)。

表 6-15　2020 年福建省属公益类科研院所制定标准分布　(单位:项)

院所名称	国家标准(项)	行业标准(项)	地方标准(项)
合计	1	3	15
福建省标准化研究院	0	0	2
福建省林业科学研究院	0	0	2
福建省农业机械化研究所	0	0	1
福建省农业科学院果树研究所	0	3	2
福建省农业科学院畜牧兽医研究所	1	0	1
福建省农业科学院农业生态研究所	0	0	2
福建省农业科学院食用菌研究所	0	0	1
福建省农业科学院植物保护研究所	0	0	1
福建省农业科学院作物研究所	0	0	1
福建省水产研究所	0	0	2

6.6 其他知识产权

"十三五"期间,共获植物新品种权 45 件,计算机软件著作权 282 件,商标权 17 件,新兽药证书1件（表6-16）。

表 6-16 2016—2020 年福建省属公益类科研院所获其他知识产权 （单位：件）

项目	2016 年	2017 年	2018 年	2019 年	2020 年
植物新品种权	12	12	7	4	10
计算机软件著作权	11	13	21	101	136
商标权	1	4	5	7	0
新兽药证书	0	0	0	0	1

2020 年，共获 10 件植物新品种授权，福建省农业科学院茶叶研究所获 4 件，福建省农业科学院作物研究所获 6 件。有 15 家科研院所获 136 件计算机软件著作权（表6-17）。

表 6-17 2020 年福建省属公益类科研院所获计算机软件著作权分布 （单位：件）

院所名称	计算机软件著作权
合计	136
福建省淡水水产研究所	1
福建省科学技术信息研究所	1
福建省林业科学研究院	2
福建省农业机械化研究所	1
福建省农业科学院畜牧兽医研究所	45
福建省农业科学院农业工程技术研究所	34
福建省农业科学院农业生态研究所	2
福建省农业科学院农业生物资源研究所	1
福建省农业科学院农业质量标准与检测技术研究所	17
福建省农业科学院生物技术研究所	1
福建省农业科学院亚热带农业研究所	9
福建省农业科学院植物保护研究所	5
福建省热带作物科学研究所	6
福建省水利水电科学研究院	1
福建师范大学地理研究所	10

2020 年，福建省农业科学院畜牧兽医研究所获一类新兽药注册证书 1 项和兽用生物制品临床试验批件 1 项，分别为"番鸭细小病毒病、小鹅瘟二联活疫苗（P1 株+D 株）"和"鸭短喙矮小综合征灭活疫苗（M15）临床试验"。

7 科技成果转化与科技服务

7.1 科技成果转化与产业化

"十三五"期间，省属公益类科研院所科技成果转化合同数 13 320 件。科技成果转化合同金额 76 242.72 万元，年均增长率为 17.43%。其中技术转让、许可合同金额 18 195.88 万元，年均增长率为 96.86%，技术开发、咨询、服务合同金额 58 046.48 万元，年均增长率为 9.57%。人均科技成果转化合同金额年均增长率为 16.86%。

2020 年，科技成果转化合同数 2 278 项，转化合同金额 22 795.38 万元，金额比 2016 年增长 90.18%。其中技术转让 119 项，合同金额 3 907.69 万元，占总金额 17.14%。技术许可 45 项，合同金额 2 199.82 万元，占总金额 9.65%。技术开发、咨询、服务 2 114 项，合同金额 16 687.87 万元，占总金额 73.21%（表 7-1）。目前科研院所还没有以技术作价投资的形式转化科技成果。

表 7-1 2016—2020 年福建省属公益类科研院所科技成果转化

项目	2016 年		2017 年		2018 年		2019 年		2020 年	
	合同数（项）	合同金额（万元）	合同数（项）	合同金额（万元）	合同数（项）	合同金额（万元）	合同数（项）	合同金额（万元）	合同数（项）	合同金额（万元）
合计	3 105	11 986.00	3 763	10 247.63	1 922	11 545.90	2 252	19 667.81	2 278	22 795.38
技术转让、许可	39	406.60	49	1 183.86	70	1 659.15	193	8 839.12	164	6 107.15
技术开发、咨询、服务	3 066	11 579.40	3 714	9 063.77	1 852	9 886.75	2 059	10 828.69	2 114	16 687.87
人均科技成果转化	1.33	5.12	1.54	4.20	0.78	4.69	0.93	8.08	0.95	9.55

2020 年，以技术转让、许可等方式转化的 164 项科技成果中，转向境内非企业单位的有 87 项，占 53.05%。转向境内中小微企业和其他企业的有 52 项，占 31.71%。转向境内大型企业和其他企业的有 26 项，占 15.85%。以技术转让、许可等转化合同金额超过 100 万元的科研院所有 5 家，共 20 项（表 7-2）。以技术开发、咨询、服务等转化合同金额超

过 100 万元的科研院所有 4 家，共 11 项（表 7-3）。共有 33 家科研院所参与科技成果转化，排名前三的是福建海洋研究所（4 673.09 万元）、福建省环境科学研究院（3 860.76 万元）、福建省计量科学研究院（3 769.72 万元），前三名转化合同金额占总金额的 53.97%。

表 7-2　2020 年福建省属公益类科研院所超过 100 万元的技术转让、许可等合同金额分布

（单位：项）

院所名称	技术转让、许可
合计	20
福建海洋研究所	11
福建省农业科学院食用菌研究所	1
福建省农业科学院水稻研究所	6
福建省农业科学院农业生物资源研究所	1
福建省农业科学院作物研究所	1

表 7-3　2020 年福建省属公益类科研院所超过 100 万元的技术开发、咨询、服务合同金额分布

（单位：项）

院所名称	技术开发、咨询、服务
合计	11
福建海洋研究所	4
福建省水产研究所	1
福建省计量科学研究院	5
厦门大学抗癌研究中心	1

2020 年，人均科技成果转化合同数 0.95 项/人，人均科技成果转化合同金额 9.55 万元/人。人均科技成果转化合同金额排名前三的是福建海洋研究所（71.89 万元/人）、福建省环境科学研究院（60.32 万元/人）、福建师范大学地理研究所（31.67 万元/人）。

7.2　科技服务与产业联系

"十三五"期间，科技人员参加对外科技服务活动工作量 5 076 人·年，年均增长率为-13.68%，仅科技信息文献服务，提供孵化、平台搭建等科技服务活动，科学普及 3 类处于略增长趋势，其余对外科技服务活动均表现为下降状态。

2020 年，对外科技服务活动工作量合计 745 人·年。其中为社会和公众提供的检验、检疫、测试、标准化、计量、计算、质量控制和专利服务占 24.70%，科技成果的示范性推广工作占 20.40%，科技信息文献服务占 14.09%，为用户提供可行性报告、技术方案、

建议及进行技术论证等技术咨询工作占 13.42%，其他科技服务活动占 13.02%，科学普及占 12.75%，提供孵化、平台搭建等科技服务活动占 1.34%，地形、地质和水文考察、天文、气象和地震的日常观察占 0.27%（表 7-4、图 7-1）。共有 33 家科研院所参加对外科技服务活动，工作量排名前三的是福建省计量科学研究院，达 96 人·年，占 12.89%；福建省科学技术信息研究所，达 72 人·年，占 9.66%；福建省林业科学研究院，达 55 人·年，占 7.38%。对外科技服务工作量少于 10 人·年的科研院所有 8 家。

表 7-4　2016—2020 年福建省属公益类科研院所对外科技服务　　（单位：人·年）

项目	2016 年	2017 年	2018 年	2019 年	2020 年
合计	1 342	1 306	948	735	745
其中：科技成果的示范性推广工作	239	233	210	153	152
为用户提供可行性报告、技术方案、建议及进行技术论证等技术咨询工作	263	176	117	83	100
地形、地质和水文考察、天文、气象和地震的日常观察	5	5	6	2	2
为社会和公众提供的检验、检疫、测试、标准化、计量、质量控制和专利服务	396	423	186	195	184
科技信息文献服务	82	84	91	96	105
提供孵化、平台搭建等科技服务活动	0	0	12	15	10
科学普及	0	0	0	67	95
其他科技服务活动	225	215	182	124	97
科技培训工作	132	170	144	0	0

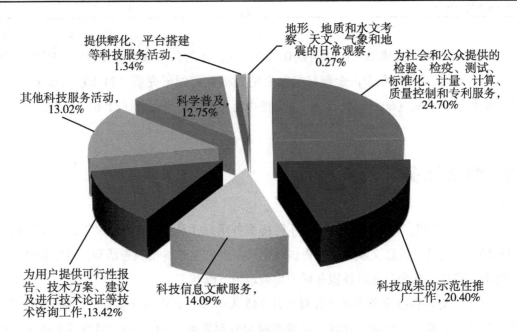

图 7-1　2020 年福建省属公益类科研院所对外科技服务构成

8 重大奖励与成果案例

8.1 福建特色海洋生物高值化开发技术与产业化应用

由刘智禹教授级高级工程师主持,福建省水产研究所等单位承担,获2020年度"福建省科学技术进步奖一等奖",属于食品科学技术领域。

8.1.1 主要技术内容

福建省海洋生物资源丰富,其中鲍鱼、河豚鱼产量均占全国80%以上,但开发仍处于初级阶段,存在资源综合利用率低、产品单一、产业科技支撑不足等问题。项目成果依托5项国家、省部级课题资助,聚焦鲍鱼、河豚鱼的全值化开发与多元化利用,运用食品加工新技术、现代生物工程技术,开发高品质水产冷冻调理食品、休闲食品、调味品和海洋功能食品;突破海洋药物研发过程中急需解决的关键技术瓶颈,并取得了标志性成果,为获得具有我国自主知识产权的创新药物提供重要技术支撑。项目成果全面提升了福建省海洋生物资源开发水平,实现了海洋食品和生物制品的产业化应用,进一步缩小了与发达国家在海洋生物资源开发领域的差距,对可持续利用海洋生物资源具有极其重要意义。主要技术创新内容如下。

一是以鲍鱼、河豚鱼等福建优势海洋生物资源为原料,针对可食部分和加工副产物进行综合开发利用,挖掘原料加工特性,研发水产食品、海洋功能食品和海洋创新药物,提出福建海洋生物资源高值化利用技术体系。

二是集成发酵、抗冻、凝胶强化和蛋白交联等技术,开发具有高质化的水产冷冻调理食品;运用脱腥、非热减菌、栅栏、液熏等技术,开发符合现代消费需求的系列特色海洋休闲食品;融合膜分离、定向酶解、美拉德调味以及旋转造粒等技术,开发风味浓郁的海鲜调味品,提升了河豚鱼、鲍鱼的综合加工水平。

三是发明鲍鱼多糖、多肽和脂质联合制备的新方法,构建鲍鱼活性物质的高效制备及功效评价技术体系，解决鲍鱼活性物质规模化联产生产技术缺乏、功效不稳定等共性技术问题，开发组分明确、功效显著的新型保健食品，推动海洋生物加工新技术的应用与推广。

四是首次在动物体内开展氚标河豚毒素（替曲朵辛，TTX）药代动力学研究，揭示河豚毒素在动物体内的半衰期、吸收、组织分布和代谢规律；研发具显著功效、稳定性良好的河豚毒素复方制剂和低微量河豚毒素缓控释微丸制剂，为开发具有自主知识产权的河豚毒素国家一类创新药物奠定基础。

8.1.2 取得成果和应用推广

项目申请发明专利 31 件，其中授权发明专利 16 件。发表学术论文 56 篇，SCI/EI 收录 21 篇。形成国家标准 2 项，行业标准 2 项，福建省地方标准 4 项。

项目技术成果应用于 11 家食品加工和海洋生物科技企业，新建生产线 14 条，近 3 年共新增产值 156 058 万元、新增利税 17 857 万元。项目实施填补了福建省特色海洋生物资源全值化系统性开发方面的空白，实现了产品增量到提质的转变和副产物的高值化利用，经济效益、社会效益和生态效益显著。

8.2 大宗淡水鱼良种扩繁及山塘稻田绿色养殖模式创新与应用

由樊海平研究员主持，福建省淡水水产研究所等单位承担，获 2020 年度"福建省科学技术进步奖二等奖"，属于水产养殖技术领域。

8.2.1 主要技术内容

福建大宗淡水鱼长期存在苗种繁育设施落后、良种覆盖率低，养殖设施及技术落后等问题，严重制约大宗淡水鱼产业健康发展。项目首次将异育银鲫"中科 3 号"和"中科 5 号"、福瑞鲤、福瑞鲤 2 号、长丰鲢、团头鲂"华海 1 号"等新品种引入福建；创制了新型鱼卵脱黏和孵化装置、气提水循环网箱培苗装置、新型土池保温棚搭建工艺等设备，研发了规模化网箱和反季节培苗工艺，建立了大宗淡水鱼新品种大规模扩繁体系，产能提高 5 倍，节约劳动力 90%，用水量减少 94% 以上。

项目建立 2 个苗种繁育基地，6 个新品种累计引种 10 个批次共 242.4 万尾，建立繁育亲本种群 12.4 万尾，后备亲本种群 25.6 万尾，累计繁育良种 50.24 亿尾，全省良种覆盖率由 2011 年的 10% 提升至 2019 年的 70%，突破福建长期依赖省外供苗的困境，实现种苗属地化供应，保障了大宗淡水鱼产业的可持续发展。

根据福建省丘陵山坳的地貌特征，研制了山塘立体增氧系统、底层排污设施、渔药喷施装置、新型捕鱼吊网装置、高效分选平台等专用设施设备，优化微生态制剂、生物絮团等水质原位净化技术，完善肠道保健等病害综合防控技术，形成一套山塘高效生态养殖模式，平均养殖效益提升 165.1%，养殖尾水零排放，大幅提高养殖经济效益，实现绿色发展转型的目标。

筛选了适合稻莲田综合种养的大宗淡水鱼新品种，研发鱼凼鱼沟防塌防逃护壁结构、稻田优质生物饵料的增殖方法，建立减肥减药新工艺，平均养殖效益提升 38.57%，促进产业绿色发展，助力脱贫攻坚。项目累计示范推广山塘、稻莲田绿色养殖模式 4.05 万公顷，新增产值 12.44 亿元，新增利润 5.16 亿元，取得显著的经济、社会和生态效益。

开展小瓜虫、孢子虫、细菌性疾病诊断及防控药物研发，太子参多糖对福瑞鲤的免疫效果和抗病力影响研究，制订了淡水鱼类小瓜虫病诊断国家和地方标准，建立了温和气单胞菌胶体金免疫层析快速诊断技术，为养殖生产疾病诊断、控制和产品质量安全提供保障。项目成果有力推动了福建省大宗淡水鱼产业的技术进步和绿色发展。

8.2.2 取得成果和应用推广

项目成果整体水平达到国内领先。获授权发明专利 4 件，授权实用新型专利 16 件。出版专著 2 部，发表论文 34 篇。制定国家标准 1 项，福建省地方标准 1 项。

项目引进 6 个大宗淡水鱼新品种，建立苗种扩繁体系，规模化生产优质苗种 50.24 亿尾，全省良种覆盖率达 70% 以上，苗种新增产值 0.315 亿元，苗种新增纯收入 0.211 亿元；示范推广山塘高效生态养殖模式和新型稻莲田综合种养模式，累计示范推广面积 4.05 万公顷，新增产值 12.44 亿元，新增利润 5.16 亿元，满足绿色发展转型需求，取得显著的经济、社会和生态效益。

8.3 绿僵菌核心资源发掘及其防控林业害虫关键技术创新与应用

由何学友教授级高级工程师主持，福建省林业科学研究院等单位承担，获 2020 年度"福建省科学技术进步奖二等奖"，属于林业行业中的森林病虫害及其防治技术领域。

8.3.1 主要技术内容

绿僵菌是一种寄生谱广的昆虫病原真菌,可寄生超过200种昆虫,绿僵菌具有无毒、无农药残留、对人畜无害,不污染环境等特点,是世界应用较广泛的生物防治菌剂之一。项目针对福建省林业害虫多发及高效生物防治资源较为匮乏的现状,从生物防治资源入手,通过绿僵菌菌株资源收集、高致病力菌株筛选、生产技术优化、菌剂林间精准施菌及高效应用技术集成等方面持续研发,解决了一系列生产上的实际问题,为林业害虫防治提供了优良的生物菌剂资源与应用关键技术。

项目开始近20年来,新收集保藏了绿僵菌菌株113株,建立起菌株资源库,并进行了菌株遗传多样性研究,为林业害虫生物防治提供了菌株保障。

针对经济林、用材林、防护林以及园林绿化树种上的象虫、天牛、尺蛾、毒蛾、夜蛾等10余种重要林业害虫,筛选出了致病力强的专化性绿僵菌菌株。首次筛选出对油茶象、老挝拟棘天牛、橙带蓝尺蛾、竹笋害虫等的优良菌株,对靶标害虫的平均致死率在90%以上,解决了当前绿僵菌应用中优良菌株匮乏的问题。同时,探讨了绿僵菌在林间宿存机制和与寄主之间的互作机制,为进一步开发应用绿僵菌提供理论基础。

优化了绿僵菌固体发酵条件,创新了绿僵菌的生产工艺,推动了绿僵菌规模化生产,提高了绿僵菌菌剂生产效率和产品质量。应用优化工艺生产的微粒粉剂孢子含量平均可达50亿孢子/克,含孢量提高20%以上,制作的高孢粉制剂孢子含量超过400亿/克,解决了剂型匮乏的难题。

首创的菌剂高压气动抛粉器和专用粉弹,射程可达50米以上,施菌效率提高1.5倍,实现了高效抛粉和精准施菌。创新了林间施菌方式,解决了复杂山地环境下地面施菌的难题,极大提高了施菌精准性、经济性和安全性。

集成了以绿僵菌为主的南方重要林业害虫高效防治技术体系,提高了防治效果,为大面积推广提供了技术支撑。

8.3.2 取得成果和应用推广

项目共收集绿僵菌菌株113株。获得授权发明专利4项,实用新型专利6项。发表学术论文31篇。

近年来,应用绿僵菌生物菌剂以及高效施菌设备,开展防治松材线虫病重要媒介昆虫——松墨天牛等松林害虫、油茶象等油茶害虫、竹子(笋期)害虫、小卷蛾等红树林害虫、橙带蓝尺蛾等园林害虫、桉树尺蠖等用材林害虫、竹节虫等生态林害虫,累积应用超过300万亩次(1亩≈666.67平方米,1公顷=15亩,全书同),平均防治效果达80%以上，有效地减少了农林害虫带来的损失。同时，大大减少了化学农药的使用量，产生了显著的经济效益和良好的社会、生态效益。

2020 年 7 月，中国林业科学研究院、中国科学院、福建农林大学、南京林业大学、福建省农业科学院、广东省林业科学研究院等单位专家对项目成果进行了评审，专家组认为研究成果总体达到国际先进水平。

8.4　猪细菌性呼吸道病流行病学、病原学及防治技术研究与应用

由周伦江研究员主持，福建省农业科学院畜牧兽医研究所等单位承担，获 2020 年度"福建省科学技术进步奖二等奖"，属于兽医科学技术领域。

8.4.1　主要技术内容

猪细菌性呼吸道病是近年来影响生猪生产的重要疫病之一，给养猪业造成了巨大经济损失。项目历经 14 年，通过猪细菌性呼吸道病流行情况调查，系统阐明了其流行特点及病原学特征，建立了诊断方法，制订了完善的防治方案，为有效防控猪细菌性呼吸道病提供了强有力的技术支撑。主要技术创新内容如下。

一是通过对福建省及其周边地区 1 258 个猪场 24 328 份病料的分析，检出病毒性病原 19 996 份、细菌性病原 11 753 份、寄生虫性病原 1 675 份、其他病原 1 920 份，其中 58% 的病料中检出 2 个或 2 个以上病原；与呼吸道有关的细菌性病原 8 228 份，占细菌性病原的 70%，包括副嗜血杆菌 4 330 份、链球菌 2 841 份、胸膜肺炎放线杆菌 1 164 份、巴氏杆菌 1 369 份、波氏杆菌 424 份、猪丹毒杆菌 218 份；明确了病原种类及感染规律；掌握了各种病原在不同年份、不同季节、不同区域以及不同日龄猪群中的分布规律；明确了猪呼吸道病原菌的流行血清型、致病性与耐药性。

二是建立了不同病原菌所致猪呼吸道病的临床鉴别诊断方法。明确了这些病的体温、食欲、呼吸、可视黏膜、皮肤、四肢和关节、生长速度、死亡情形、内脏、三腔、发病日龄、发病季节等 12 个指标的临床表现规律，形成了内部诊疗标准，为这些病的临床鉴别诊断提供了依据。

三是应用生物信息学和蛋白质组学方法，明确了副猪嗜血杆菌的毒素蛋白 HipA、肽聚糖相关脂蛋白 PalA 和神经氨酸酶的遗传进化特性、理化特性、信号肽、二级结构和优势抗原表位，发现了副猪嗜血杆菌血清 4 型不同毒力菌株的 10 个差异蛋白和 8 个新的免

疫蛋白，为该菌疫苗设计、诊断试剂和免疫机理的研究奠定了理论基础。

四是建立了特异性好、敏感性高、简便的 4 种检测方法，分别为副猪嗜血杆菌病原可视化 LAMP 检测方法和血清抗体间接 ELISA 检测方法，猪链球菌 2 型 PCR-ELISA 检测方法和血清抗体间接 ELISA 检测方法，解决了猪细菌性呼吸道病鉴别诊断难题。

五是阐明了猪链球菌 2 型不同菌株间的毒力因子差异，完善了猪链球菌 2 型的致病机制。

六是依据临床诊断和实验室检测结果，制订了完善的药物防治方案，临床应用效果良好，临床治愈率达 85% 以上，显著减少了猪群细菌性呼吸道病的发生，降低了猪群的病死率。

8.4.2 取得成果和应用推广

项目系统阐明猪细菌性呼吸道病在福建省的流行情况和病原学特征。建立了 4 种检测方法。授权发明专利 2 件。发表论文 23 篇，出版著作 6 部。培养硕士 5 名。

项目近 14 年来，成果示范推广猪场 1 258 个，减少经济损失或产生经济效益约 2 亿元，技术培训 2 万多人次，提升了福建省生猪疫病防控水平，经济、社会和生态效益显著。

专家组评审认为，该成果总体居同类研究国际领先水平。

8.5 蔬菜烟粉虱成灾机制及防控关键技术研究与应用

由何玉仙研究员主持，福建省农业科学院植物保护研究所等单位承担，获 2020 年度"福建省科学技术进步奖二等奖"，属于农业科学技术领域。

8.5.1 主要技术内容

烟粉虱是蔬菜尤其设施蔬菜的最主要害虫之一，呈现"小虫酿大灾"之势，为害严重时可造成蔬菜产量和商品性损失 60% 以上。项目组针对蔬菜烟粉虱连年猖獗为害、有效防控技术不足等突出问题开展协作攻关。主要技术创新内容如下。

一是阐明了外来生物型入侵、抗药性发展、周年寄主植物多样化是福建省蔬菜烟粉虱暴发成灾并持续猖獗为害的重要原因，为制定防控策略提供科学依据。①明确了抗药性高和传毒能力强的 B 生物型（MEAM1 隐种）的成功入侵导致福建省蔬菜烟粉虱暴发成灾，由次要害虫上升为主要害虫，Q 生物型（MED 隐种）的再入侵加剧了蔬菜烟粉虱持续猖獗为害。②明确了入侵生物型对新烟碱类等新型杀虫剂抗药性的快速发展导致福建省蔬菜烟粉虱连年猖獗为害，揭示了基于细胞色素 P450 基因和谷胱甘肽-S-转移酶基因增量表达的抗性机理。③探明了福建省蔬菜烟粉虱田间种群区域性发生特征，明确了周年寄主植物多样化是导致福建省蔬菜烟粉虱常年持续猖獗的重要原因。

二是研发了高效植物诱集杀灭、引诱剂增效诱杀、天敌日本刀角瓢虫规模释放、专效杀虫剂、精准施药联合天敌瓢虫协同控害等蔬菜抗性烟粉虱防控关键技术/产品，提高了防控技术水平。创建了高效植物诱集杀灭迁入虫源技术，阻挡80%以上外部虫源迁入目标作物，减施农药60%以上。筛选确认芳樟醇为高效信息素引诱剂，创建了引诱剂增效诱杀技术，诱杀效率较常规黄板高4倍。挖掘出具显著控害潜能的本地种天敌日本刀角瓢虫，创建了天敌瓢虫幼虫阶段利用地中海粉螟卵作为替代猎物的饲养方法，研发出天敌瓢虫规模化扩繁技术，创建了天敌瓢虫田间释放技术。研发出专效防治药剂4种，获农药登记证书，实现了产业化。创建了精准施药与天敌日本刀角瓢虫协同控害技术，解决了蔬菜烟粉虱防控上化学防治与天敌瓢虫生物防治难以协调的技术难题。

三是构建了蔬菜烟粉虱防控关键技术体系，创建了适于露地和设施栽培条件的两种集成应用模式，防效90%以上，减施农药30%以上。基于以上理论和技术创新，提出了"常监测、清虫源、压基数、抑种群、控阈值"的蔬菜烟粉虱防控策略，构建了以抗药性监测与种群数量监测为基础，以高效植物诱集杀灭、引诱剂增效诱杀、天敌瓢虫规模释放和精准施药技术为核心，辅以品种轮作、培育无虫苗、清洁田园等配套措施的蔬菜烟粉虱防控关键技术体系。

8.5.2 取得成果和应用推广

项目获批登记4个农药产品。授权发明专利2件，实用新型专利1件。发表论文37篇。

近三年来，完成单位产业化生产销售自主研发产品，新增销售额6 655万元、新增利润2 288万元。项目成果累计推广应用363.8万亩，新增产值10.14亿元，应用企业获无公害农产品证书4项，产品累计出口日本、欧美2.98万吨，出口额2.89亿元，经济、社会和生态效益显著。

专家组评审认为，该成果整体达到同类研究国际先进水平。

8.6 福建省野生果树资源调查、收集与创新利用

由韦晓霞副研究员主持，福建省农业科学院果树研究所承担，获2020年度"福建省

科学技术进步奖三等奖",属于农业科学技术领域。

8.6.1 主要技术内容

野生果树是果树资源的基因库,福建省是我国野生果树多样性最丰富的省份之一,但其种类、分布、特征等调查研究不足,资源保护工作亟待加强。一些具有较高产业化开发价值的特色野生果树,缺乏品种及栽培技术。项目组针对以上问题联合攻关,历经十四年取得以下创新成果。

一是率先建立福建省野生果树种质资源圃,创建首个"福建省野生果树网站",出版《福建省野生果树图志》。对福建省野生果树资源进行系统调查收集保存,建立福建省首个野生果树资源圃,收集保存 18 科 33 属 45 种 115 份优异资源。在中国自然标本馆 CFH 平台创建首个"福建省野生果树网站",上传 1 209 张图片资料,为每份种质提供生长环境影像资料,使之能直观地呈现野生果树的种类与生长环境。《福建省野生果树图志》收录了 42 科 89 属 219 种的野生果树,收录种类占福建省野生果树种类总数 85% 以上,并附有作者实地拍摄的植株、花、果实等照片,填补了福建省的空白。较全面地体现福建省野生果树的资源特点与分布状况,构建资源保护的重要平台,为野生果树研究利用奠定基础。

二是对福建省特色野生果树资源进行鉴定评价,选育出南酸枣、金豆、黑老虎、三叶木通等新品种(系)4 个,获得植物新品种权 1 个。鉴定评价了福建省南酸枣、黑老虎、金豆等特色野生果树资源,获得植物学特征、生物学特性、品质、抗性等鉴定数据 8 200 个。获得了'黑老虎 2 号'的完整叶绿体(bp)基因组长度为 145 608,包含 126 个基因。通过系统进化树分析了'黑老虎 2 号'与其他物种之间的系统发育关系,为黑老虎的遗传改良和新品种培育提供方向。选育出'福枣 3 号''桔豆''黑老虎 2 号''三叶木通 3 号'新品种(系)4 个,其中'福枣 3 号'获得植物新品种权,表现为果大、丰产,单果重比对照南酸枣高 37.3%,已成为主栽品种。

三是研究南酸枣、金豆等特色野生果树栽培技术,率先建立南酸枣繁育技术体系;首创金豆微型盆栽的生产技术。制定了地方标准 2 项,授权国家发明专利 3 项。研究集成南酸枣嫁接、修剪等栽培技术,南酸枣嫁接成活率达 85% 以上;研究南酸枣的种子采集、贮藏、育苗、造林、抚育管理等过程中的技术要求,制定 2 项地方标准《果用南酸枣嫁接育苗技术规程》《南酸枣用材林栽培技术规程》。研究金豆花期调控和造型管理等技术,首创金豆微型盆栽的生产技术,授权"一年成型的金豆盆栽快速生产技术"等国家发明专利 3 项。

8.6.2　取得成果和应用推广

项目获得植物新品种权 1 个，地方标准 2 项，发明专利 3 项，专著 1 本，论文 14 篇（SCI 收录 1 篇）。1 项专利实现成果转化。

项目品种与技术在福建省大田、清流、光泽、永泰等地和江西赣南区域推广应用，近三年累计新增产值 2.83 亿元。

专家组评审认为，该成果整体居国内同类研究领先水平，其中南酸枣新品种选育达国际先进水平。

8.7　福建晚熟龙眼产业化关键技术研究与应用

由魏秀清副研究员主持，福建省农业科学院果树研究所等单位承担，获 2020 年度"福建省科学技术进步奖三等奖"，属于农业科学技术领域。

8.7.1　主要技术内容

福建晚熟龙眼面积约 26 万亩，年产量 8 万多吨，约占全国晚熟龙眼种植面积的 50%，产量的 55%。为充分发挥福建晚熟区位优势，项目针对福建晚熟龙眼品种结构不合理、年际产量不稳、冬季低温危害、鲜果留树保鲜期短等问题，系统深入地开展了区域优势配套品种筛选和关键栽培技术研发与应用，推进福建晚熟龙眼产业带建设，历经 17 年联合攻关取得以下创新性成果。

一是筛选出福建龙眼晚熟区优势品种（系）3 个，研发出多头低位高接换种技术，促进品种更新。结合性状观测和鲜果挂树期评价，筛选出晚熟、果大、可溶性固形物含量高的品种（系）'小雪本''立冬本'和'松风本'，成为福建晚熟区优势品种（系），其中'小雪本'为自主选育新品系，其晚熟性状突出（10 月下旬至 11 月中下旬）；研发出多头低位高接换种技术，两年内即可完成果园品种更新，第三年可进入结果期，缩短果园更新时间，提高更新整齐度，加速品种更新，优化了福建晚熟区龙眼品种结构。

二是研发出晚熟龙眼栽培关键技术，解决了春季冲梢、年际产量不稳、冬季低温危害、标准化生产等产业问题。针对福建晚熟龙眼栽培区春季回温晚增幅快、冬季低温潮湿的气候特点，研发出早疏早促枝梢培育、夏促秋养冬控防冲梢、防两虫保夏梢、低温防控等树体管理关键技术，提高结果母枝成穗率，减少冲梢，防寒止损，稳定年际产量；研发出生态果园建设、营养诊断施肥、病虫害物理防治、"牧—沼—果"循环生产等绿色生产技术，研制出《绿色食品晚熟龙眼生产技术规程》，产品符合绿色食品标准，获绿色食品证书。

三是研发出晚熟龙眼留树保鲜技术，延长采果期20～30天。针对晚熟龙眼生产中留树保鲜期果实品质劣变问题，探明了7种活性氧清除剂对留树期果实综合品质的影响，发现抗坏血酸可显著减少果皮膜脂过氧化，抑制丙二醛生成，保持可溶性固形物含量；研发的延迟龙眼采收和保持果实品质方法获发明专利授权，能有效减缓果皮衰老和可溶性固形物含量下降，降低落果率，延长采果期20～30天。

四是集成推广晚熟龙眼优质高效生产技术体系，打造晚熟龙眼品牌，推进晚熟龙眼产业带建成。研制出《晚熟龙眼生产技术规范》，集成推广以多头低位高接换种、树体管理、标准化生产和留树保鲜等生产技术体系；打造晚熟龙眼品牌，获得晚熟龙眼有机、无公害食品认证和蕉城晚熟龙眼著名商标，提升了福建晚熟龙眼知名度与影响力，建成以环三都澳为核心，涵盖莆田以东沿海区域的晚熟龙眼产业带。

8.7.2　取得成果和应用推广

项目筛选出福建龙眼晚熟栽培区优势品种（系）3个，研制标准3项。授权国家发明专利2件。发表论文15篇，编著著作1部。

通过成果应用，优化了福建晚熟龙眼品种结构，建成晚熟龙眼产业带，筛选出的3个品种（系）种植面积达3.5万亩，近三年累计推广晚熟龙眼关键栽培技术18.82万亩，新增产值2.98亿元，社会经济生态效益显著。

经专家组评审认为，该成果整体居同类研究国际先进水平。

8.8　红曲黄酒优良菌株选育与酿造关键技术创新应用

由何志刚研究员主持，福建省农业科学院农业工程技术研究所等单位承担，获2020年度"福建省科学技术进步奖三等奖"，属于食品发酵与酿造领域。

8.8.1　主要技术内容

红曲黄酒是福建特色传统发酵食品，但存在缺乏优良菌株、易过度酸化、产品热性高、出酒率低、饮后易"上火""上头"等技术问题，经多年攻关取得如下主要成效。

一是挖掘红曲黄酒微生物1 610株，选育特异菌4株、发明菌剂制备技术2项。解析酿造红曲米菌群结构并建立特征指标数据库。选育出淀粉出酒率及热致死指数 D50 分别比黄酒专用酵母提高 9.9% 和 11.8%、产杂醇油及尿素分别降低 38.2% 及 65.6% 的酿酒酵母 JH301 和产香酿酒酵母 JJ4；选育出液化及糖化力分别提高 24.3% 和 78.5% 的紫色红曲菌 FJMR24、每克红曲米的单位色价达 6 480 且桔霉素仅 0.012 微克/千克的紫色红曲菌 FJMR36。研发出酿造用液体红曲制备和酿酒酵母高密度培养专利技术。

二是探明红曲黄酒酿造的酸化与氨基酸代谢机制，研发控酸抑苦酿造专利技术。明确了产酸主导细菌为植物乳杆菌、发酵乳杆菌、戊糖片球菌等，苦味氨基酸代谢密切相关菌为酿酒酵母、戊糖片球菌、根霉、红曲霉、季也蒙酵母等。研究建立以发酵基质的初始酒精度、酸度及酵母添加量、发酵温度为调控因子的控酸发酵数学模型，研发出以调控红曲米菌群结构和发酵温度等关键因子的抑苦酿造技术。

三是研发出降低红曲黄酒热性指数的酿造技术体系，阐明其通过改变胃肠道菌群结构降低热性指数的作用机制。明确影响黄酒热性主要因子，研发出添绿茶共酵、冰点冷处理、冷除菌技术等低热性指数酿造技术体系，创制出热性指数降低 40% 以上的温和型黄酒产品。其降低热性指数的机制是通过干预肠道菌群结构，上调毛螺菌、韦荣球菌等寒性表征关键微生物属，下调 S24-7 norank、瘤胃菌等热性表征关键微生物属。

四是以专利曲霉及酵母菌为发酵剂，研发出耦合茶提取物为代谢促进因子的强化发酵技术，协同酿造关键技术创新应用。提高出酒率＞7%，基酒总酸可控，热性指数降低 40% 以上，苦味氨基酸下降 55.7%，杂醇油下降 38.2%、尿素下降 65.6%，提高黄酒品质及饮后舒适感。

8.8.2　取得成果和应用推广

项目发表论文 18 篇，其中 SCI 收录 6 篇、EI 收录 3 篇。授权国家专利 13 件，其中发明专利 7 件。起草 DBS 35/003—2017《红曲黄酒》、T/FJSP 0005—2018《红曲酿造料酒》及 QB/T 5334—2018《红曲酒》等标准。

项目技术累计推广生产红曲酒 2.5 万吨，产值 10.03 亿元，利税 2.05 亿元，利税率 20.5%，增收节支 6 581 万元。完成单位近三年经济效益：新增销售额 3.7 亿元、新增利润 8 396 万元。成果建立红曲黄酒微生物资源库并选育出优良菌株，研发的红曲酒协同创新技术体系破解了传统酿造的易酸化、苦味重、产品热性高、饮后舒适感不强等技术问题，有力推动产业技术进步。

项目含 3 个评审成果，总体达国际领先水平。

8.9 南方丘陵茶园退化阻控与生态修复模式及关键技术

由王义祥研究员主持,福建省农业科学院农业生态研究所等单位承担,获 2020 年度 "福建省科学技术进步奖三等奖",属于恢复生态与水土保持研究领域。

8.9.1 主要技术内容

项目主要针对南方丘陵茶园生态退化和土地生产力下降,严重制约茶产业持续发展的问题,通过茶园退化特征、成因分析以及退化阻控修复关键技术研发,集成构建经济高效的茶园生态修复模式,提高了茶园土地生产力和生态修复的经济驱动力,取得了显著成效,其创新要点与应用成效主要体现在以下方面。

一是多尺度下研究揭示了丘陵茶园径流、泥沙和养分迁移规律,优化构建了山地茶园水土流失阻控的技术体系。筛选出 K、Ca 作为红壤茶园特有的指纹识别因子,为定量判别茶园对侵蚀泥沙的贡献提供了便捷的估算方法。创建了一种茶园水土流失区崩岗生态治理专利技术,筛选出适宜茶园间套作的草品种 7 个,植生品种组合 4 个;优化构建了茶园水土流失阻控的技术体系,其减少茶园氮磷损失的价值是常规茶园的 1.7 倍,涵养水源的价值是常规茶园的 1.2 倍。

二是针对红壤山地茶园酸化危害的突出问题,研发了红壤茶园减氮阻酸和调酸增效的系列实用技术。研发并创建了秸秆(菌渣)生物炭+氮肥配施的茶园减氮阻酸技术,提高茶园土壤 pH 0.7 个单位以上,减少氮肥施用量 45%左右,并研究揭示了生物炭对红壤茶园酸化改良和养分调控的作用机理。研发有机无机、生物炭基改良剂、复合氮素缓释材料等 6 个,并针对不同酸度的茶园土壤提出了改良剂的施用技术方案 2 套。

三是系统研发了红壤茶园固碳减排的关键技术,创建了高效循环型茶园生态修复与地力保育模式。率先研究并明确了红壤茶园土壤团聚体有机碳分布与损失特征,填补了该领域的研究空白。研发了茶枝等农业废弃物制备生物炭的技术,筛选出茶枝、菌渣等制备生物炭、水热炭的工艺参数 3 套。研究揭示了长期施肥下红壤团聚体的固碳机制,提出了生物炭(炭基肥)在茶园的施用技术,并创建了"茶废弃物–生物炭(炭基肥)–回园"物质循环型茶园生态修复与固碳减排模式,茶叶增产 2.7%以上,提高土壤有机碳含量 24.7%以上,降低土壤 N_2O 排放 23.3%以上。

四是集成构建了"茶–菌(间套作)–菌渣回园"经济高效开发与生态环境保护有序耦合体系与关键实用性技术。筛选出适宜茶园套种的大球盖菇、竹荪以及韩芝 8 号、

G10033和日赤6号灵芝等菌株5个及配套配方4个。发明了茶园套种灵芝以及针对幼龄茶园的灵芝遮阴栽培2项专利技术，提高茶园套种灵芝产量36.76%。集成构建了"茶-菌-菌渣回园"生态修复模式，茶叶增产4.48%，亩增产值4 059元，且提高茶园土壤肥力和有效阻控茶园酸化。

8.9.2　取得成果和应用推广

项目授权发明专利3件，实用新型专利2件，其中1项专利技术实现成果转化，1项新技术入选《福建省水利先进实用技术推广指南及产品目录》。制定福建省地方标准3项，企业标准1项，其中1项获福建省标准贡献三等奖。出版著作1部（186万字），发表论文38篇。

项目仅近3年累计推广新技术和生态修复模式31万多亩次，新增产值2.36亿元，社会生态效益显著。

8.10　七叶一枝花种质资源搜集筛选及仿生态种植关键技术研究与应用

由苏海兰副研究员主持，福建省农业科学院农业生物资源研究所等单位承担，获2020年度"福建省科学技术进步奖三等奖"，属于农业科学技术领域。

8.10.1　主要技术内容

七叶一枝花又名华重楼 ［*Paris polyphylla* Smith var. *chinensis*（Franch.）Hara］，是《中国药典》重楼药材基原植物之一，是我国濒危珍稀中药材，年需求量约6 000吨，2016年被列入福建省名药发展战略。项目针对七叶一枝花药材依赖野生资源、缺乏主栽品种、种苗短缺、规模化种植技术空白等问题开展联合攻关，取得主要创新性成果如下。

一是构建了七叶一枝花种质资源适应性评价体系，筛选出适宜闽赣山区主栽品系2个。首次建成闽赣重楼种质资源圃，搜集保存资源170份，为濒危珍稀药用植物资源保护与利用奠定基础。基于主成分分析法和权重评分法，建立了以适应性、有效成分及农艺性状为主要指标的七叶一枝花种质资源适应性评价体系。从有效成分符合药典要求、综合性状优良的35份资源中，筛选出适应性强、抗病、有效成分含量高的2份优异种质，经多年多种生态型试验示范，可作为闽赣山区主栽品系。

二是突破了种子成熟度低及二次休眠破除关键技术，构建了七叶一枝花优质种苗繁育技术体系。研发完熟优质的种子生产技术，制定七叶一枝花种子质量标准；采种母株倒苗时间推迟 3 个月，完熟种子产量提高 7 倍，解决了结实率低和种子成熟度低的难题，实现了种子高产稳产。突破了种子二次休眠破除技术组合，揭示了激素应答的分子机理，采用茉莉酸破除第一次休眠、赤霉素破除第二次休眠，发芽时间由 2 年缩短至 6 个月。集成育苗基质配方和配套光温水调控技术，建立了种苗繁育技术体系，出苗率从 5% 提高至86.5%，育苗周期由 5 年缩短至 3 年，于 2019 年获得闽赣首个种子生产经营许可证。

三是集成仿生态种植技术体系，填补了闽赣山区七叶一枝花规模化种植技术的空白。研究总结出七叶一枝花适宜地貌、海拔、气候因子、林分类型、土壤理化性质及微生物群落特性等关键参数；明确了闽赣山区主要病虫害发生规律，首次报道轮纹镰刀菌引发茎腐病，并制定了病虫害综合防控技术规范。集成了产地选址、土壤改良、病虫草害防控等仿生态种植技术体系，制定省颁地方标准《华重楼栽培技术规范》。定植成活率由 35% 提高至 70%，病情指数由 60% 下降至 10%，根茎亩产达 471 千克，产品达到药典标准。

四是创新应用科特派服务新机制，推进七叶一枝花产业的发展。创新应用"科特派+企业+乡土人才+农户"的推广模式，以仿生态种植技术核心示范基地为窗口，培养当地乡土专家，联合提高农民种植技术、促进成果落地。近 5 年在闽赣山区示范推广核心区17 440 亩，产值 10.8 亿元。七叶一枝花规模化种植有效保护了野生资源，为"两山理论"及乡村振兴提供新路径，其示范推广成效获得科技部通报表彰。

8.10.2　取得成果和应用推广

项目制定了省地方标准 1 项，企业标准 9 项。申请专利 14 件，其中授权发明专利 3件。发表论文 22 篇。

专家组评审认为，该成果整体居同类研究国际领先水平，其中七叶一枝花种质资源适应性评价、种苗高效繁育技术体系填补了国际空白。

8.11　茉莉花茶品质形成机制及其窨制技术研究与应用

由陈梅春助理研究员主持，福建省农业科学院农业生物资源研究所等单位承担，获2020 年度"福建省科学技术进步奖三等奖"，属于食品科学技术领域。

8.11.1　主要技术内容

茉莉花茶是再加工茶，其品质形成与窨制原料和工艺技术息息相关。项目围绕茉莉花茶的鲜花原料品质影响因素、花茶品质形成机制、窨制工艺参数优化、加工设备升级、产品品质评价、花茶保健功效及推广应用等进行合作攻关，有效降低了生产成本，提高了茉莉花茶品质。主要创新成果有以下方面。

一是系统研究了茉莉花茶的鲜花原料品质影响因素，揭示了茉莉花品种和生长环境与茉莉花产量和香气品质关系。明确了茉莉花产量、香气品质与品种、产地、气候和土壤中的微生物群落密切相关，其中鲜花香气品质与植株土壤中 Latescibacteria 和 Parcubacteria 类细菌含量呈负相关，与土壤总磷和碱解氮含量呈正相关，利用生物菌肥改良土壤，显著提高了茉莉花的产量和品质。

二是阐释了茉莉花品质形成机制，优化了窨制原料和工艺参数，研制出现代化窨制加工装备，提升了茉莉花茶品质，降低了生产成本，加速了花茶加工工艺现代化、标准化进程。揭示了茉莉花离体释香规律和茶坯吸附香气方式，进一步阐释了茉莉花茶品质形成机制；优化了花茶窨制原料和工艺参数，单次窨制时间比传统工艺缩短了 4 小时，且窨制三次的成品茶性价比最高；研发了离地窨花床等新型高效窨制设备，使生产成本下降了10%～20%；制定了 5 份茉莉花茶生产标准，开发的 10 余款地方特色福州茉莉花茶获"2022 年福州茉莉花茶茶王赛"金奖等称号。

三是明确了茉莉花茶特征香气组成，构建了茉莉花茶香气品质评价指数，应用于花茶香气品质等级分类。探明茉莉花茶主要赋香成分为芳樟醇、乙酸苄酯、α-法呢烯等，首次从花茶中鉴定出毕橙茄醇、壬酸甲酯、苯甲酸己酯等 7 种香气成分。构建茉莉花茶评价指标 XFJTF =（顺式-3-己烯醇苯甲酸酯+吲哚+氨茴酸甲酯）含量/（芳樟醇+乙酸叶醇酯+乙酸苄酯）含量×100，对福州茉莉花茶茶王赛样本的香气品质评价准确率达到 85.7%。

四是全面研究了茉莉花茶活性成分组成和保健功效，助力花茶产品的推广与应用。从茉莉花茶中鉴定出 50 余种酚类化合物，发现 1 种具有多重保健作用的活性物质 strictinin；探究茉莉花茶抗氧化活性，发现茶叶首次窨制后抗氧化能力有所下降，但随着窨制次数的增加抗氧化能力又逐渐增强，且采用现代窨制工艺制备的花茶抗氧化能力强于传统工艺；体外细胞实验证实福州茉莉花茶具有明显抑制胃癌细胞增殖的效果，绿茶（龙峰）窨制成花茶后，抑制胃癌增殖能力增强了 45.3%，半抑制浓度为 31.47 微克/毫升。

8.11.2 取得成果和应用推广

项目获得授权国家实用新型专利 10 项，软件著作权 5 项，发表论文 17 篇（其中 SCI 论文 2 篇），培养各类人才 10 人。

项目成果在省内外 12 家企业进行生产性应用，近三年（2018—2020 年）茉莉花及花茶新增产值 18.04 亿元，新增利税 2.10 亿元，年增收节支 2.37 亿元，具有显著的经济效益和社会效益。

专家组评审认为，该成果达到国际领先水平。

8.12　水稻重要病害绿色防控及减药增效关键技术研究与应用

由陈福如研究员主持，福建省农业科学院植物保护研究所等单位承担，获 2020 年度"福建省科学技术进步奖三等奖"，属于植物保护技术领域。

8.12.1　主要技术内容

项目针对水稻穗部病害防治困难、单一使用化学防治对环境和农产品严重污染的问题，以制约我国水稻安全生产的两个重要病害（稻瘟病、稻曲病）为对象，经过十多年研究取得创新性成果。研究明确了病菌病菌的致病性与发生规律、稻瘟病菌无毒基因和主要抗瘟基因；建立了水稻双抗品种鉴定与评价方法；明确了病菌对吡唑醚菌酯等杀菌剂的抗药风险与抗性机理；创建了以双抗品种布局、生物农药应用的绿色防控技术为主、应急减量使用广谱高效杀菌剂为配套的综合防控技术体系，实现控害减药增效的目的。主要技术内容与技术指标如下。

一是长期监测稻瘟病菌种群结构，掌握了福建省稻瘟病菌优势生理小种和致病型及发生规律；明确了出现频率较高的无毒基因；筛选出 $Pi-k^m$、$Pi-ta$（1）、$Pi-7$（t）、$Pi-9$（t）和 $Pi-k^p$ 等 8 个抗病性较强的抗瘟基因，为水稻抗瘟育种提供依据。

二是在明确两种病原菌发生种群动态的基础上，建立了室内多菌株抗性鉴定与不同稻区田间病圃联合鉴定及抗性评价体系，从 1 814 份品种和材料中筛选出抗稻瘟病品种 72 个、抗稻曲病品种 34 个，其中对稻瘟病和稻曲病双抗品种 19 个，在鉴定的品种中获得国家和福建审定品种 226 个；利用筛选的抗源材料选育出聚两优 636、聚两优 696 和民优 667 3 个抗瘟品种。

三是首次对新登记药剂吡唑醚菌酯抗性风险进行了评估，明确了稻瘟病菌对三环唑、稻瘟灵、异稻瘟净、吡唑醚菌酯和稻曲病菌对戊唑醇的抗药性水平，揭示了病菌对吡唑醚菌酯和戊唑醇的抗性机理，提出抗药性监测与使用混配杀菌剂的抗性治理方案。

四是分离筛选出具有自主知识产权的防治稻瘟病、稻曲病的枯草芽孢杆菌、蜡质芽孢杆菌、杀结节链霉菌、生物镰刀菌酸等生防菌（素），研制了两种生物农药 20% 井冈霉素·枯草芽孢杆菌 WP 和 20 亿孢子/克蜡质芽孢杆菌 WP，获得农药登记。

五是研制出广谱高效低毒的复配杀菌剂 40%咪鲜胺铜盐·氟环唑 SC、27%噻呋·戊唑醇 SC、12%井冈·苯醚甲 WP 3 个产品，获农药登记，实现一药多治（对稻瘟病、稻曲病和纹枯病均有效）的减药控害效果。

六是创建了以双抗品种布局、生物农药应用为主、应急使用广谱高效杀菌剂为配套的水稻重要病害绿色防控技术体系，达到了减药增效的目的。在福建多个水稻产区建立绿色防控技术示范片，对主要病害防治效果达 80%以上。

8.12.2　取得成果和应用推广

项目制定福建地方标准 2 项。授权专利 13 项，其中发明专利 6 项。专著 1 本，发表论文 19 篇，其中 SCI 收录论文 2 篇。登记农药新品种 5 个。福建省审定水稻品种 3 个。

项目于 2014—2019 年在福建省不同水稻产区示范推广应用，累计推广应用面积 1 379 000 亩，增收节支共计 70 827.5 万元。取得显著的经济、社会与生态效益。

专家组评审认为，该研究成果整体达到同类研究国际先进水平。

8.13　福建兰科植物重要病害病原鉴定及综合防控技术研发应用

由姚锦爱研究员主持，福建省农业科学院植物保护研究所等单位承担，获 2020 年度"福建省科学技术进步奖三等奖"。

8.13.1　主要技术内容

花卉是福建十大千亿产业之一，实施乡村振兴战略的重要抓手。兰花、铁皮石斛等兰科植物是福建优势特色及主要创汇花卉，年产值约占花卉总产值 18%，是福建省区域经济支柱产业之一。茎腐病和炭疽病严重制约兰科植物产业发展。缺乏快速诊断、全程关键控害技术等，在各级项目资助下，历经 10 年科技攻关，取得以下创新性成果。

一是明确兰科植物两种病害病原菌，阐明其侵染作用机理。首次明确建兰茎腐病和铁皮石斛炭疽病的病原菌分别为尖孢镰刀菌和胶孢炭疽菌；尖孢镰刀菌直接在茎部表皮、细胞间隙定殖与扩展；而胶孢炭疽菌侵染后叶片表面超微结构和氨基酸含量发生变化，这可能与植物抗病水平有关。确认两种病原菌最适培养基、碳氮源、温度、pH 值和光照等。结果为选育兰科植物抗病新品种、菌剂筛选及制定病害防控策略提供参考。

二是建立准确、简便、实用的尖孢镰刀菌和胶孢炭疽菌快速检测技术。建立快速检测兰花尖孢镰刀菌的环介导等温扩增技术，该技术特异性强，可有效鉴别病征与该病相似的立枯病等；灵敏度高于 PCR，达 1 皮克/微升；快速，1.5 小时出结果，比病原分离鉴定缩短 5～6 天；结果可视化，易判定，适于基层使用。建立胶孢炭疽菌巢式 PCR 检测技术，该技术特异性强，可有效鉴别病征与该病相似的黑斑病等，灵敏度较 PCR 高 1 000 倍，达 1 皮克/微升；3 小时出结果，快速简便。结果为病害早期诊断和筛选无病苗提供支撑。

三是获自主知识产权的高效生防菌株，研制出防控制剂四种。从 70 多株生防菌中筛选获得 2 株高效菌株解淀粉芽孢杆菌 BA-3 和酒红链霉菌 SVFJ-07，保藏于中国微生物菌种保藏中心。研制的 BA-3 发酵产品对建兰尖孢镰刀菌田间防效达 77%，SVFJ-07 发酵产品对建兰胶孢炭疽菌田间防效达 68%，可部分替代化学杀菌剂。研制的苯醚甲环唑+多菌灵（5∶5）和多菌灵+肟菌酯（8∶2）两种高效安全杀菌剂组合对茎腐病防效良好，共毒系数分别为 378.63 和 247.80，为生产中选择防控杀菌剂提供参考。

四是建立以利用抗病品种为核心的全程控害技术体系。按病原侵染作用机理选育兰花抗病新品种'双艺金龙'（农业农村部登记）。以利用抗病品种为核心，采用检测技术对病害发生监测跟踪，选取研制的 4 种防控制剂为应急预案的全程防控技术。对茎腐病和炭疽病防控效果达 85%，减少农药使用量 20%～30%，降低成本 30%～40%，提高商品合格率 15%～20%。

8.13.2　取得成果和应用推广

项目发表论文 12 篇，获发明专利 4 项，登记兰花抗病新品种 1 个。

项目成果转化后，在省内外累计建立核心示范区 16 700 多亩，累计新增产值 5.76 多亿元，增收节支总额 1.36 多亿元；增加就业率，减少农药使用，对环境友好，科技日报等多家媒体对成果进行报道，经济、社会和生态效益显著。

专家组评审认为，该成果整体达到同类研究的国际先进水平，部分成果达到国际领先水平。

8.14　福建山区极端降水事件洪涝灾害风险分析

由曲丽英研究员主持，福建省水利水电科学研究院等单位承担，获 2020 年度"福建省科学技术进步奖三等奖"，属于农业科学技术领域。

72

8.14.1 主要技术内容

项目针对极端降水引发的山洪风险及其评估中存在的科学问题，综合应用统计学、气象学、水文学、水动力学、灾害学，以理论–方法–模型–应用的研究思路，在深入分析典型山区梅溪流域降雨径流特征的基础上，探究了流域极端降水的形成机理，提出了山区极端降水主动指标分析方法，构建了时空二维结构雷达数据同化框架，建立了"非线性水文–气象分布式耦合模拟模型"和"高分辨率气象–水文–水动力–风险评估链式耦合模型"，可准确识别和预报极端降水，预先开展洪涝过程精细化模拟和风险的快速评估，实现精细化预报预警，延长预见期，为福建省山洪灾害防御提供科学技术支撑，具有重要的理论价值和现实意义。取得以下创新性成果。

一是提出了"基于历史数据挖掘和频率诊断相结合的山区极端降水指标分析方法"，在当前执行的通用性日降雨量指标上增加"造峰历时降雨"和"连续降雨"等特征性指标，定量分析了极端降雨特性。

二是构建了"基于抗噪声速度退模糊算法实时修正的时空二维结构优化雷达数据同化框架"，提高了数值大气模式的0～6小时局地降雨预报精度，有效提升了山区极端降水灾害预报预警的精准度，延长了预见期。

三是研发了耦合气象预报、考虑水库调蓄作用、基于物理机制的"流域非线性水文–气象分布式耦合模拟模型"，实现了全流域的洪涝灾害风险定量评估。

四是建立了东南沿海山区"高分辨率气象–水文–水动力–风险评估链式耦合模型"，开发了水动力过程模拟快速计算技术，实现了沿河村落极端暴雨山洪风险的精细化、实时快速分析，滚动给出山洪灾害风险范围、等级和淹没深度及时间等信息，为洪涝灾害防御决策提供科学决策支撑。

8.14.2 取得成果和应用推广

项目获计算机软件著作专利2件；发表论文6篇，其中2篇被SCI收录。

项目研究不但在科学技术上取得了创新，根据研究成果研发的基于时空二维结构优化的雷达数据同化框架的"非线性水文–气象分布式耦合模拟模型"应用于福建省小流域洪水预报预警系统以及新一代山洪灾害预报预警平台，有力支撑了全省山洪灾害防治县的小流域洪水预报预警，提高了福建省山丘区洪涝灾害主动应对能力；研发的"高分辨率气象–水文–水动力–风险评估链式耦合模型"应用于闽清、柘荣县顺昌等地，有效提高了当地洪涝灾害风险评估的能力，延长了预见期，为当地山洪灾害防御决策提供科学支撑；"基于历史数据挖掘和频率诊断相结合的山区极端降水指标分析成果"应用于闽清梅溪流域，经实际暴雨洪水检验，可有效控制过度预警现象，降低人员转移成本。成果的应用取得显著的社会效益，减少了因山洪造成的经济损失，提高了福建省山洪灾害应急处置能力。

8.15 《美丽乡村建设评价》国家标准研制与实施应用

由王彬彬研究员主持，福建省标准化研究院等单位承担，获得 2020 年度"福建省标准贡献奖二等奖"，属于乡村建设领域。

8.15.1 主要技术内容

国家标准《美丽乡村建设评价》（GB/T 37072—2018），是针对我国美丽乡村建成后不知谁来评、评什么、怎么评，进而导致评价不科学、不客观、不全面的问题，构建了由 100 项指标组成，"定量指标+定性指标"相结合的评价指标体系，细化了评价程序和计算方法，使评价更具全面性、科学性、客观性和可操作性。标准填补了该领域空白，对引领和提升美丽乡村建设具有重要的现实指导意义。

8.15.2 取得成果和应用推广

相关专报件获《八闽快讯》和《政讯专报》同时选用，得到福建省领导的批示肯定。开展标准宣贯，通过全国农业农村标准化培训班等形式组织培训近千人，指导了全国各地美丽乡村、农村综合改革等标准化试点示范建设，实现"以评促建、以评促改、以评促管"，推进美丽乡村经济、社会和生态协调发展。

8.16 《食品质量安全追溯码编码技术规范》地方标准研制与实施应用

由周顺骥高级工程师主持，福建省标准化研究院等单位承担，获 2020 年度"福建省标准贡献奖二等奖"，属于食品质量安全追溯领域。

8.16.1 主要技术内容

《食品质量安全追溯码编码技术规范》（DB35/T 1711—2017）是根据福建省政府办公

厅印发的《福建省食品安全"一品一码"全过程追溯体系建设工作方案》要求，针对食品各环节信息不对称、主体安全责任落实不到位的难题，研究形成既与国际接轨又兼顾地方实际的追溯编码，实现了食品供应链一体化全过程的跟踪与溯源，提升食品供应链效率。

8.16.2　取得成果和应用推广

该成果发表论文4篇，标准成果近五年累计创造经济效益15.74亿元。作为福建省食品生产经营追溯管理系统的标准支撑，保障了福建省食品安全信息互联互通、食品安全风险排查控制和食品安全主体责任落实，为福建省"一品一码"食品安全全过程追溯体系建设奠定了坚实基础。

8.17　《花鳗鲡精养池塘养殖技术规范》地方标准研制与实施应用

由樊海平研究员主持，福建省淡水水产研究所等单位承担，获2020年度"福建省标准贡献奖二等奖"，属于农林渔业领域。

8.17.1　主要技术内容

近年来，日本鳗苗和欧洲鳗苗严重短缺，寻找适宜的养殖鳗鲡新品种，规范其养殖技术是是解决行业困难的重要手段。花鳗鲡（*Anguilla marmorata*）是我国二级重点保护野生动物，而在东南亚以及南非等地的苗种资源及其丰富，开发花鳗鲡养殖将有效弥补苗种资源短缺的困境，但由于缺乏相应的养殖技术规范，养殖水平参差不齐、存在较大差距、养殖产量难于提升等问题。标准为福建省内首次制定，总体达到国际先进水平。通过花鳗鲡的基础生物学研究、养殖观察及相关指标对比和玻璃鳗苗 COI 条形码品种鉴定方法试验，首次制定了花鳗鲡玻璃鳗苗的鉴定方法，苗种培育和精养池塘集约化养殖方式，建立花鳗鲡精养池塘养殖技术规范。具体内容如下。

一是范围：本标准规定了花鳗鲡精养池塘养殖的环境条件、养殖池塘及设施设备、放养前准备、玻璃鳗（白仔鳗）培育、黑仔鳗培育、幼鳗和成鳗养殖、日常管理、病害防治、质量安全管理和养殖日志等要求。本标准适用于福建省花鳗鲡精养池塘养殖。二是规范性引用文件：引用了11个规范性文件，分别是《无公害食品 淡水养殖用水水质》（NY 5051—2001）、《无公害食品 鳗鲡池塘养殖技术规范》（NY/T 5069—2002）、《无公害食品渔用药物使用准则》（NY 5071—2002）、《无公害食品 渔用配合饲料安全限量》（NY 5072—2002）、《无公害食品 欧洲鳗鲡精养池塘养殖技术规范》（NY/T 5290—2004）、《无公害农产品 淡水养殖产地环境条件》（NY/T 5361—2016）、《水产养殖质量安全管理规范》（SC/T 0004—2006）、《鳗鲡配合饲料》（SC/T 1004—2010）、《淡水池塘养殖水排放要求》（SC/T 9101—2007）、《玻璃鳗配合饲料》（DB35/T 981—2010）。三是规定了花鳗鲡养殖产地环境条件和养殖用水要求。四是规定了花鳗鲡精养池塘和设施设备。五是规定了花鳗鲡苗种放养前的准备工作。六是规定了花鳗鲡玻璃鳗（白仔鳗）培育环节的玻璃鳗苗品种鉴定、人工驯养、饲料转换、日常管理和分选等操作技术。七是规定了花鳗鲡黑仔鳗培育、幼鳗、成鳗养殖等阶段的放养密度、鱼种消毒、饲料投喂和日常饲养管理等技术。八是规定了花鳗鲡养殖过程中的病害预防和治疗的原则、产品质量安全管理和养殖生产记录管理。

8.17.2 取得成果和应用推广

标准已应用于福建省花鳗鲡品种鉴定、苗种培育和成鳗养殖生产一线。标准制定单位福建省淡水水产研究所利用科技下乡，技术指导服务等对花鳗鲡养殖场进行讲解宣贯；标准制定单位福建天马科技集团股份有限公司应用该标准对花鳗鲡养殖客户群进行培训和宣贯。因此，该标准已广泛应用于花鳗鲡养殖生产，养殖技术人员也能利用标准进行养殖操作。2016 年 07 月—2020 年 03 月，在鳗鲡主要养殖区的花鳗鲡养殖场应用福建省淡水水产研究所为主起草的地方标准《花鳗鲡精养池塘养殖技术规范》（DB35/T 1577—2016）进行了花鳗鲡苗种培育和成鳗养殖。3 年多来累计应用总数量约 6 500 万尾花鳗鲡白仔鳗苗培育，养殖产量达到 1.63 万吨，产值达到 13 亿元，白仔鳗培育成活率提高了 20% 左右，养殖产量提升了 15% 左右，养殖过程减少各种化学药物的使用，保障了产品质量安全，应用效果良好。

附　表

附表 1　2019—2020 年福建省属公益类科研院所获授权专利情况

序号	公开（公告）号	专利标题	申请人	发明人	授权公告日
1	CN108371125B	一种山塘小水库福瑞鲤、异育银鲫"中科 3 号"养殖方法	福建省淡水水产研究所	樊海平、钟全福、薛凌展、秦志清、林德忠	2020 年 10 月 16 日
2	CN1084395968	一种一段式半亚硝化-厌氧氨氧化-反硝化耦合工艺处理城镇生活污水的方法	福建省环境科学研究院（福建省排污权储备和管理技术中心）	陈益明、张 健、张新颖、刘福长、李 俊、林 皓	2020 年 11 月 6 日
3	CN107197641B	一种高效的金花茶杂交种子无菌播种育苗方法	福建省林业科学研究院	吴丽君、高 楠、陈 达	2020 年 11 月 20 日
4	CN106888912B	一种木麻黄冬春季控温无性繁殖技术方法	福建省林业科学研究院	柯玉铸、叶功富	2020 年 10 月 23 日
5	CN107670647B	一种利用油茶果壳制备重金属离子吸附剂的方法	福建省林业科学研究院、福建师范大学	苏良伫、柯金炼、卢玉栋、刘晓辉、常颖萃、陈志强	2020 年 05 月 22 日
6	CN107694526B	一种油茶果壳提取物制备的吸附剂及其制备方法	福建省林业科学研究院、福建师范大学	柯金炼、苏良伫、卢玉栋、常颖萃、刘晓辉	2020 年 03 月 24 日
7	CN107409896B	一种金黄熊猫树的播种育苗方法	福建省林业科学研究院、仙游县满光花木苗圃专业合作社	李宝福、陈国彪、鲍晓红、凌云天、吴建宇、蔡益航、洪小龙、朱 炜、林延生、李永光	2020 年 05 月 05 日
8	CN106922473B	一种薄姜木实生苗培育方法	福建省林业科学研究院、仙游县满光花木苗圃专业合作社	李宝福、林福星、吴建宇、蔡益航、何文广、李永光、叶海容、林 恩、林延生	2020 年 01 月 21 日
9	CN108051522B	一种适制花果香型茶叶的茶树种质快速鉴定方法	福建省农业科学院茶叶研究所	王让剑、高香凤、张应根、孔祥瑞、杨 军	2020 年 09 月 25 日

（续表）

序号	公开 （公告）号	专利标题	申请人	发明人	授权公告日
10	CN107801541B	一种茶小绿叶蝉的防治方法	福建省农业科学院茶叶研究所	曾明森、吴光远、张　辉、刘丰静、李慧玲、李良德、王定锋、王庆森	2020 年 08 月 25 日
11	CN106879773B	一种百香果果皮茶的制备方法	福建省农业科学院茶叶研究所	钟秋生、林郑和、张　辉、陈常颂、王秀萍、游小妹、阮其春	2020 年 07 月 17 日
12	CN107853058B	一种带有茶小绿叶蝉卵的嫩梢的生产方法	福建省农业科学院茶叶研究所	曾明森、张　辉、吴光远、刘丰静、李慧玲、李良德、王定锋、王庆森	2020 年 02 月 14 日
13	CN106306185B	一种金花白茶及其制备方法	福建省农业科学院茶叶研究所	孔祥瑞、王让剑、杨　军	2020 年 02 月 07 日
14	CN109207503B	鸭 3 型腺病毒抗体间接 ELISA 检测方法以及检测试剂盒及其应用	福建省农业科学院畜牧兽医研究所	陈翠腾、万春和、黄　瑜、施少华、陈　珍、程龙飞、傅光华	2020 年 12 月 25 日
15	CN107400736B	鸭 2 型腺病毒环介导等温扩增检测引物组及试剂盒	福建省农业科学院畜牧兽医研究所	万春和、黄　瑜、程龙飞、陈翠腾、施少华、傅光华、傅秋玲、陈红梅、刘荣昌	2020 年 12 月 15 日
16	CN107058614B	区分 clade 2.3.4 和 clade 2.3.2.1 H5 AIV 的定量 PCR 引物	福建省农业科学院畜牧兽医研究所	万春和、施少华、黄　瑜、程龙飞、傅光华、陈红梅、傅秋玲、陈翠腾、刘荣昌	2020 年 12 月 08 日
17	CN107385111B	一种鹅星状病毒的实时荧光定量 PCR 检测引物及其试剂盒	福建省农业科学院畜牧兽医研究所	万春和、陈翠腾、黄　瑜、程龙飞、傅光华、施少华、陈红梅、傅秋玲、刘荣昌	2020 年 12 月 08 日
18	CN107604099B	鸽新型腺病毒 LAMP 检测引物组及试剂盒	福建省农业科学院畜牧兽医研究所	万春和、黄　瑜、程龙飞、陈翠腾、施少华、傅光华、陈红梅、傅秋玲、刘荣昌	2020 年 11 月 03 日
19	CN107586889B	鸽腺病毒 EvaGreen 实时荧光定量 PCR 检测引物	福建省农业科学院畜牧兽医研究所	万春和、黄　瑜、陈翠腾、程龙飞、傅光华、施少华、陈红梅、傅秋玲、刘荣昌	2020 年 10 月 30 日

序号	公开（公告）号	专利标题	申请人	发明人	授权公告日
20	CN106367532B	基于序列多态性区别 clade 2.3.4 和 clade 2.3.4.4 H5 AIV 的 PCR‑RFLP 方法	福建省农业科学院畜牧兽医研究所	施少华、万春和、陈　珍、刘荣昌、黄　瑜、程龙飞、傅光华、傅秋玲、陈红梅	2020 年 09 月 18 日
21	CN107058634B	鸭腺病毒 2 型和鸭腺病毒 A 型双重 PCR 检测引物及试剂盒	福建省农业科学院畜牧兽医研究所	万春和、黄　瑜、程龙飞、陈翠腾、傅光华、施少华、陈红梅、傅秋玲、刘荣昌	2020 年 09 月 15 日
22	CN107099605B	一种用于检测丝状支原体山羊亚种的引物和探针	福建省农业科学院畜牧兽医研究所	林裕胜、胡奇林、江锦秀、游　伟	2020 年 09 月 15 日
23	CN107604101B	一种鸽新型腺病毒实时荧光定量 PCR 检测试剂盒	福建省农业科学院畜牧兽医研究所	万春和、黄　瑜、程龙飞、陈翠腾、刘荣昌、施少华、傅光华、陈红梅、傅秋玲	2020 年 08 月 14 日
24	CN108531663B	鸭腺病毒 DAdV‑3 和 DAdV‑A 通用型检测引物及其应用	福建省农业科学院畜牧兽医研究所	万春和、黄　瑜、程龙飞、陈翠腾、傅光华、施少华、陈红梅、傅秋玲、刘荣昌	2020 年 08 月 14 日
25	CN107475458B	鹅星状病毒环介导等温扩增检测引物组及试剂盒	福建省农业科学院畜牧兽医研究所	万春和、黄　瑜、程龙飞、陈翠腾、刘荣昌、傅光华、施少华、傅秋玲、陈红梅	2020 年 07 月 24 日
26	CN107012261B	鸭腺病毒 A 型和 2 型双重 EvaGreen 实时荧光定量 PCR 检测引物	福建省农业科学院畜牧兽医研究所	万春和、黄　瑜、程龙飞、陈翠腾、傅光华、施少华、陈红梅、傅秋玲、刘荣昌	2020 年 07 月 24 日
27	CN107043831B	鸭腺病毒 A 型和 2 型 Real time PCR 检测引物、探针及试剂盒	福建省农业科学院畜牧兽医研究所	万春和、黄　瑜、陈翠腾、程龙飞、傅光华、施少华、陈红梅、傅秋玲、刘荣昌	2020 年 07 月 24 日
28	CN107312875B	检测猪圆环病毒 3 型的环介导等温扩增方法的引物组	福建省农业科学院畜牧兽医研究所	陈如敬、陈秋勇、吴学敏、车勇良、王晨燕、周伦江、严　山、王隆柏、魏　宏	2020 年 07 月 10 日
29	CN107299155B	一种鹅星状病毒实时荧光定量 PCR 检测的引物和探针	福建省农业科学院畜牧兽医研究所	万春和、陈翠腾、黄　瑜、程龙飞、傅光华、施少华、陈红梅、傅秋玲、刘荣昌	2020 年 05 月 22 日

（续表）

序号	公开（公告）号	专利标题	申请人	发明人	授权公告日
30	CN106636470B	羊传染性脓疱病毒和绵羊肺炎支原体双重PCR专用引物	福建省农业科学院畜牧兽医研究所	林裕胜、胡奇林、江锦秀、游伟	2020年04月14日
31	CN107006697B	一种以香茅草为功能性原料的山羊TMR饲料及加工工艺	福建省农业科学院畜牧兽医研究所	陈鑫珠、邱珊珊、郑开斌、董晓宁、高承芳	2020年04月14日
32	CN106702025	区分clade 2.3.2.1和clade 7.2 H5 AIV的实时荧光定量PCR引物	福建省农业科学院畜牧兽医研究所	施少华、万春和、陈珍、黄瑜、程龙飞、傅光华、陈红梅、傅秋玲、刘荣昌、陈翠腾	2020年02月11日
33	CN106755588B	区分clade 2.3.4和clade 2.3.4.4 H5 AIV的实时荧光定量PCR引物	福建省农业科学院畜牧兽医研究所	万春和、施少华、黄瑜、程龙飞、傅光华、陈红梅、傅秋玲、刘荣昌、陈翠腾	2020年02月11日
34	CN106755585B	区分经典型和韩国型鸭肝炎病毒的实时荧光定量PCR引物	福建省农业科学院畜牧兽医研究所	陈珍、万春和、施少华、陈翠腾、朱春华、蔡国漳、刘斌琼、黄瑜	2020年02月11日
35	CN106755587B	区分clade 2.3.2.1和clade 2.3.4.4 H5 AIV的实时荧光定量PCR引物	福建省农业科学院畜牧兽医研究所	施少华、万春和、陈珍、黄瑜、程龙飞、傅光华、陈红梅、傅秋玲、刘荣昌、陈翠腾	2020年02月07日
36	CN106755586B	区分clade 7.2和clade 2.3.4.4 H5 AIV的实时荧光定量PCR引物	福建省农业科学院畜牧兽医研究所	施少华、万春和、陈珍、黄瑜、程龙飞、傅光华、陈红梅、傅秋玲、刘荣昌、陈翠腾	2020年02月07日
37	CN106702026B	区分clade2.3.4和clade 7.2 H5 AIV的实时荧光定量PCR引物	福建省农业科学院畜牧兽医研究所	万春和、施少华、黄瑜、程龙飞、傅光华、陈翠腾、陈红梅、傅秋玲、刘荣昌	2020年02月07日
38	CN107047532B	一种用于生物安全型禽负压隔离器的防啄片	福建省农业科学院畜牧兽医研究所、上海拓领医药科技有限公司	刘斌琼、黄瑜、龙明、张振哲、刘灿辉、陈珍、朱春华、林羽、陈翠腾、蔡国漳	2020年01月31日
39	CN107609111B	一种枇杷果实品种鉴别、品质分级和成熟度判定的检索方法	福建省农业科学院果树研究所	邓朝军、单幼霞、郑少泉、陈秀萍、蒋际谋	2020年11月20日
40	CN108739336B	利于火龙果气生根吸收养分的大棚搭架及其施肥方法	福建省农业科学院果树研究所	林旗华、张泽煌、钟秋珍	2020年11月13日

（续表）

序号	公开（公告）号	专利标题	申请人	发明人	授权公告日
41	CN108293576B	一种促进高廊葡萄快速定型的方法	福建省农业科学院果树研究所	雷 龑、王建超、陈 婷、刘鑫铭	2020 年 11 月 13 日
42	CN108934836B	一种火龙果 A 型管架双层密植栽培的方法	福建省农业科学院果树研究所	刘友接、熊月明、王建超、杨 凌	2020 年 10 月 16 日
43	CN108522125B	一种适宜棚架栽培果树多年生大枝开角的方法	福建省农业科学院果树研究所	黄新忠、曾少敏	2020 年 09 月 11 日
44	CN107385104B	用于筛选莲雾果实发育过程内参基因的引物及其应用	福建省农业科学院果树研究所	魏秀清、许 玲、许家辉、章希娟	2020 年 09 月 11 日
45	CN107494166B	一种适合山地桃树种植的改良主干形树形的修剪方法	福建省农业科学院果树研究所	金 光、郭 瑞、周 平、颜少宾、廖汝玉	2020 年 09 月 01 日
46	CN106982660B	一种莲雾低产树形的改造方法	福建省农业科学院果树研究所	章希娟、许家辉、许 玲、魏秀清	2020 年 08 月 18 日
47	CN108588089B	嘉宝果 myb 转录因子 Mc-MYB 与李 bHLH 转录因子 PsbHLH 及其应用	福建省农业科学院果树研究所	张雅玲、方智振、叶新福	2020 年 07 月 07 日
48	CN107258390B	一种方便收放折叠的连动温室大棚及莲雾的优质稳产栽培方法	福建省农业科学院果树研究所	张丽梅、许家辉、余 东、章希娟、魏秀清、许 玲、陈志峰	2020 年 06 月 30 日
49	CN106857045B	一种高光效轻简的莲雾整形修剪方法	福建省农业科学院果树研究所	章希娟、许家辉、魏秀清、许 玲	2020 年 05 月 26 日
50	CN108012729B	一种防控柑橘红蜘蛛的方法	福建省农业科学院果树研究所	卢新坤、林燕金、卢艳清、林旗华	2020 年 05 月 14 日
51	CN108076946B	一种提高枇杷叶片熊果酸含量的栽培方法	福建省农业科学院果树研究所	邓朝军、单幼霞、郑少泉、蒋际谋、陈秀萍、许奇志	2020 年 03 月 17 日
52	CN107561185B	一种同时测定 11 种类黄酮的高效液相色谱检测方法及检测水果中的类黄酮含量的方法	福建省农业科学院果树研究所	周丹蓉、叶新福、方智振、潘少霖、姜翠翠	2020 年 01 月 21 日
53	CN107889640B	一种衰老油棕树势恢复的拯救方法	福建省农业科学院果树研究所	廖汝玉、詹晓敏、尹兰香、张学彬	2020 年 01 月 07 日
54	CN107089436B	一种用于存放干花的玻璃容器	福建省农业科学院果树研究所	颜少宾、金 光、郭 瑞、廖汝玉、周 平、杨 凌	2020 年 01 月 07 日

（续表）

序号	公开（公告）号	专利标题	申请人	发明人	授权公告日
55	CN107473404B	一种自成型块状碳载体固定微生物的净水剂及其制备方法	福建省农业科学院农业工程技术研究所	陈 彪、李 洁、黄 婧、肖艳春、张燕青、陈 阳	2020 年 12 月 29 日
56	CN108034591B	一种紫色红曲菌及其应用	福建省农业科学院农业工程技术研究所	任香芸、何志刚、林晓姿、梁璋成、林晓婕、李维新、苏 昊	2020 年 12 月 04 日
57	CN107512780B	一种去除养殖污水中高浓度氨氮的菌碳净水剂及其制备方法	福建省农业科学院农业工程技术研究所	黄 婧、魏云华、李 洁、肖艳春、陈 彪、张燕青、陈 阳	2020 年 11 月 10 日
58	CN107434305B	一种富缺陷碳载体固定微生物的净水剂及其制备方法	福建省农业科学院农业工程技术研究所	李 洁、肖艳春、陈浩霖、黄 婧、陈 彪、张燕青、陈 阳	2020 年 10 月 23 日
59	CN108403970B	一种益生元组合物及其制备方法和应用	福建省农业科学院农业工程技术研究所	黄菊青、徐庆贤、林 斌、郑 怡、官雪芳、钱 蕾、张臣心	2020 年 10 月 16 日
60	CN108490094B	一种同时测定柑橘果实中22种黄酮和酚酸类物质的方法	福建省农业科学院农业工程技术研究所	陈 源、余文权、杨道富、杨成龙、张 迪	2020 年 10 月 02 日
61	CN108064774B	利用沼液养鱼的调控方法	福建省农业科学院农业工程技术研究所	林代炎、宋永康、吴晓梅、吴飞龙、叶美锋	2020 年 09 月 11 日
62	CN107455747B	一种芙蓉李多酚咀嚼片及其制备方法	福建省农业科学院农业工程技术研究所	汤葆莎、李怡彬、陈君琛、赖谱富、吴 俐	2020 年 09 月 08 日
63	CN107811232B	一种海带复合微生物脱腥方法	福建省农业科学院农业工程技术研究所	李维新、何志刚、林晓姿、任香芸、梁璋成、苏 昊、林晓婕	2020 年 08 月 28 日
64	CN109197345B	一种提高油橄榄成活率的种植方法	福建省农业科学院农业工程技术研究所	郑恒光、翁敏劼、李章汀、林方喜、汤葆莎、吴 俐、潘 宏、陈君琛	2020 年 08 月 18 日
65	CN108676755B	一种含芽孢杆菌的微生物液体肥及其制备方法和应用	福建省农业科学院农业工程技术研究所	林 斌、黄菊青、徐庆贤、郑 怡、钱 蕾、官雪芳、张臣心	2020 年 07 月 24 日
66	CN108191991B	一种杏鲍菇多糖的提纯方法	福建省农业科学院农业工程技术研究所	郑恒光、陈君琛、翁敏劼、汤葆莎、吴 俐	2020 年 06 月 30 日

序号	公开 （公告）号	专利标题	申请人	发明人	授权公告日
67	CN108707560B	一种微生物液体菌肥及其制备方法和应用	福建省农业科学院农业工程技术研究所	林　斌、黄菊青、徐庆贤、郑　怡、钱　蕾、官雪芳、张臣心	2020 年 06 月 16 日
68	CN108587958B	一株解淀粉芽孢杆菌及其应用	福建省农业科学院农业工程技术研究所	黄菊青、林　斌、徐庆贤、郑　怡、官雪芳、钱　蕾、张臣心	2020 年 05 月 19 日
69	CN107917982B	一种基于 21 种特征成分含量的柑橘品种鉴别和系统分类的方法	福建省农业科学院农业工程技术研究所	陈　源、余文权、杨道富	2020 年 05 月 19 日
70	CN107243328B	一种硝酸铈改性海藻酸钠微球除磷剂及其制备和应用	福建省农业科学院农业工程技术研究所	肖艳春、陈　彪、黄　婧、魏云华、钱庆荣、张燕青、林香信	2020 年 04 月 03 日
71	CN107047222B	一种提高硒肥利用率生产富硒葡萄的方法	福建省农业科学院农业工程技术研究所	赖呈纯、张富民、范丽华、黄贤贵、陈丹薇、陈剑侠、潘　红、杨伯忠、卢旭光	2020 年 02 月 18 日
72	CN106348534B	一种污水处理系统	福建省农业科学院农业工程技术研究所	徐庆贤、官雪芳、林　斌、黄菊青、钱　蕾	2020 年 01 月 31 日
73	CN107876020B	一种吸附剂、制备方法及其应用	福建省农业科学院农业生态研究所	王义祥、叶　菁、刘岑薇、李艳春、林　怡、郑慧芬、王成已	2020 年 10 月 27 日
74	CN106748425B	一种促进含硒水田土壤中硒活化的调理剂	福建省农业科学院农业生态研究所	罗　涛、黄小云、张　青、陈敏健	2020 年 10 月 02 日
75	CN107673872B	一种提高杏鲍菇多糖含量的栽培基质	福建省农业科学院农业生态研究所	钟珍梅、韩海东、黄小云、黄秀声、陈钟佃、冯德庆	2020 年 09 月 25 日
76	CN108012910B	人、鱼、红萍载人试验装置及工作方法	福建省农业科学院农业生态研究所	杨有泉、陈　敏、邓素芳、蔡淑芳、刘　晖	2020 年 02 月 14 日
77	CN106509434B	一种预防和治疗仔猪腹泻的中草药饲料添加剂	福建省农业科学院农业生态研究所	林忠宁、应朝阳、李振武、陆　烝、詹　杰、邓素芳	2020 年 01 月 14 日
78	CN106490365B	一种预防和治疗肉猪消化道疾病的中草药饲料添加剂	福建省农业科学院农业生态研究所	应朝阳、黄秀声、林忠宁、陆　烝、李振武、杨有泉	2020 年 01 月 14 日

（续表）

序号	公开 （公告）号	专利标题	申请人	发明人	授权公告日
79	CN108395999B	人参土壤短芽胞杆菌菌株及其应用	福建省农业科学院农业生物资源研究所	车建美、刘 波、刘国红、张海峰、陈倩倩	2020 年 12 月 25 日
80	CN109673231B	一种七叶一枝花病虫害的综合生态防控方法	福建省农业科学院农业生物资源研究所	刘保财、陈菁瑛、黄颖桢、张武君、赵云青	2020 年 12 月 01 日
81	CN105166397B	一种短短芽孢杆菌微生态制剂	福建省农业科学院农业生物资源研究所	车建美、刘 波、刘国红、陈倩倩、唐建阳、叶少文	2020 年 06 月 26 日
82	CN108341970B	一种基于 2，5－噻吩二羧酸和钆的配位聚合物及其制备方法	福建省农业科学院农业质量标准与检测技术研究所	郑云云、傅建炜、苏德森、何 萍、黄锐敏	2020 年 09 月 11 日
83	CN108633657B	一种红虫养殖与水稻种植共作的方法	福建省农业科学院农业质量标准与检测技术研究所	罗士炎、饶秋华、罗 钦、刘 洋	2020 年 09 月 11 日
84	CN108341969B	一种基于 2，5－噻吩二羧酸和镧的配位聚合物及其制备方法	福建省农业科学院农业质量标准与检测技术研究所	郑云云、傅建炜、苏德森、何 萍、黄锐敏	2020 年 08 月 14 日
85	CN107586744B	一种肺炎链球菌培养的培养基	福建省农业科学院农业质量标准与检测技术研究所	吕 新、陈丽华、李玥仁、黄 薇、刘兰英	2020 年 03 月 27 日
86	CN110129325B	两个同时靶向基因 xa13，xa25 并高效创制抗白叶枯水稻的 gRNA 序列	福建省农业科学院生物技术研究所	王 锋、朱义旺、林雅容、陈建民、周军爱、梅法庭、陈 睿、郭新睿	2020 年 11 月 20 日
87	CN108300721B	一种用于表达抑菌肽的基因、抑菌肽及应用	福建省农业科学院生物技术研究所	陈 叙、林晨韬、张丽娟、李素一、柯 翎、陈 华、吴唯维	2020 年 11 月 06 日
88	CN109022481B	一种低甲烷排放水稻品种的创制方法	福建省农业科学院生物技术研究所	朱义旺、王 锋、苏 军、沈学良、林雅容、单 贞、范美英	2020 年 09 月 18 日
89	CN107190089B	利用分子标记对 3 种草莓品种进行快速鉴别的方法	福建省农业科学院生物技术研究所	陈 坚、朱炳耀、郭文杰、郑益平、杨志敏、庄志鸿	2020 年 09 月 15 日
90	CN108841855B	一种编辑水稻 Ehd1 基因培育长生育期粳稻品种的方法	福建省农业科学院生物技术研究所	吴明基、刘华清、林 艳、王 锋	2020 年 09 月 15 日

（续表）

序号	公开 （公告）号	专利标题	申请人	发明人	授权公告日
91	CN107190103B	同时检测三种鱼类病毒的多重 PCR 引物组、试剂盒及方法	福建省农业科学院生物技术研究所	葛均青、杨金先、柯 翎	2020 年 08 月 28 日
92	CN109207422B	一种欧洲鳗鲡肾脏细胞系EK 及其应用	福建省农业科学院生物技术研究所	郑在予、陈 斌、龚 晖、杨金先、池洪树、刘晓东、黄 河	2020 年 08 月 21 日
93	CN108251379B	一种杂交瘤细胞株、创伤弧菌膜蛋白单克隆抗体和创伤弧菌检测试剂盒	福建省农业科学院生物技术研究所	许斌福、林天龙、刘晓东、林能锋	2020 年 07 月 31 日
94	CN107409687B	一种利用废菌棒培育草莓苗的方法	福建省农业科学院生物技术研究所	朱炳耀、郑益平、彭元层、陈 坚、杨志敏、林 海、郭文杰、庄志鸿、余海燕	2020 年 06 月 30 日
95	CN107125732B	一种降低干菇中镉含量的绣球菌干制方法	福建省农业科学院食用菌研究所（福建省蘑菇菌种研究推广站）	张 迪、王宏雨、林衍铨、肖冬来、马 璐、杨 驰	2020 年 08 月 25 日
96	CN106588381B	一种用麻笋壳制作双孢蘑菇栽培料的方法	福建省农业科学院食用菌研究所（福建省蘑菇菌种研究推广站）	卢政辉、柯斌榕、廖剑华、蔡志英、王生龙、陈瑞兴	2020 年 08 月 25 日
97	—	A new method to improve the efficiency of rice cross pollination	福建省农业科学院水稻研究所	SHENGPING LI、JIANBO FANG、CHAOPING CHENG、XIANG-HUA ZHENG、NING YE	2020 年 12 月 31 日
98	CN110024685B	一种水稻稻曲病抗病材料的选育方法	福建省农业科学院水稻研究所	杨德卫、何旋清、程朝平、叶 宁、郑向华、叶新福	2020 年 12 月 25 日
99	CN107047285B	一种观赏彩色稻品种的选育方法	福建省农业科学院水稻研究所	郑长林、魏云华、章清杞、吴志源	2020 年 08 月 25 日
100	CN108432579B	一种直播再生稻的栽培方法	福建省农业科学院水稻研究所	姜照伟、施龙清、解振兴、张数标、占志雄、张 琳	2020 年 06 月 05 日
101	CN107494145B	一种钻孔带水灌沙插干的道路绿化树木栽植方法	福建省农业科学院土壤肥料研究所	黄东风	2020 年 12 月 15 日
102	CN106699443B	一种促进含硒旱地土壤中硒活化的调理剂	福建省农业科学院土壤肥料研究所	张 青、陈敏健、黄小云、罗 涛	2020 年 11 月 13 日

（续表）

序号	公开 （公告）号	专利标题	申请人	发明人	授权公告日
103	CN107805500B	一种防治土壤板结的土壤调理剂及其应用	福建省农业科学院土壤肥料研究所	黄东风、王利民、张　青、王煌平、罗　涛	2020 年 09 月 18 日
104	CN108485845B	一种嘉宝果叶片手工皂及其制作方法	福建省农业科学院亚热带农业研究所	林宝妹、邱珊莲、郑开斌、张少平、张　帅、林巧莉、洪佳敏	2020 年 12 月 15 日
105	CN108420084B	一种百香果加工设备	福建省农业科学院亚热带农业研究所	周龙生、练冬梅、李海明、郑开斌	2020 年 12 月 01 日
106	CN108174768B	一种水仙花田间杂草的防控方法	福建省农业科学院亚热带农业研究所	何炎森、李跃森、鞠玉栋、郑家祯	2020 年 11 月 17 日
107	CN107281021B	一种纯天然无酒精口腔清洁护理液	福建省农业科学院亚热带农业研究所	吴维坚、李珊珊、杨　敏、鞠玉栋、邱珊莲	2020 年 11 月 10 日
108	CN107320388B	一种植物源驱蚊止痒乳液	福建省农业科学院亚热带农业研究所	杨　敏、吴维坚、李珊珊、郑开斌、邱珊莲、鞠玉栋	2020 年 08 月 25 日
109	CN107306643B	一种提高水仙花鳞茎球质量的栽培方法	福建省农业科学院亚热带农业研究所	何炎森、李瑞美、洪佳敏、鞠玉栋	2020 年 06 月 16 日
110	CN106942659B	一种山苦瓜保健含片的制作方法	福建省农业科学院亚热带农业研究所	吴水金、李跃森、戴艺民、林江波、邹　晖、李海明、王伟英	2020 年 05 月 19 日
111	CN109042650B	紫苏醛植物杀菌剂在防治作物疫病中的应用	福建省农业科学院植物保护研究所	刘裴清、翁启勇、陈庆河、李本金、王荣波	2020 年 12 月 15 日
112	CN107136122B	一种防治马铃薯晚疫病的生防菌剂	福建省农业科学院植物保护研究所	李本金、陈庆河、刘裴清、王荣波、翁启勇	2020 年 12 月 08 日
113	CN108243804B	一种用于金花茶大棚培育的非化学农药防控害虫法	福建省农业科学院植物保护研究所	余德亿、黄　鹏、姚锦爱、林勇文、蓝炎阳	2020 年 11 月 20 日
114	CN106718455B	一种农药减量使用的再生稻主要病虫害综合防控方法	福建省农业科学院植物保护研究所	邱良妙、占志雄、刘其全	2020 年 09 月 25 日
115	CN107287307B	一种快速区分玉米小斑病菌交配型的 PCR 检测方法	福建省农业科学院植物保护研究所	代玉立、杨秀娟、甘　林、阮宏椿、石妞妞、杜宜新、陈福如	2020 年 09 月 22 日

序号	公开（公告）号	专利标题	申请人	发明人	授权公告日
116	CN106868164B	一种用于检测樟疫霉菌的引物及巢式 PCR 检测方法	福建省农业科学院植物保护研究所	兰成忠、姚锦爱、阮宏椿、吴　玮	2020 年 09 月 22 日
117	CN106961959B	一种用于设施盆栽花卉生产的简约化控害方法	福建省农业科学院植物保护研究所	余德亿、黄　鹏、姚锦爱、蓝炎阳	2020 年 08 月 18 日
118	CN107853098B	一种用于南亚热区台种菠萝种植的简约化控害方法	福建省农业科学院植物保护研究所	余德亿、黄　鹏、姚锦爱、蓝炎阳	2020 年 08 月 18 日
119	CN106688729B	一种利用信息素与捕食性天敌联合防治蓟马类害虫的方法	福建省农业科学院植物保护研究所	魏　辉、田厚军、陈艺欣、陈　勇、林　硕、张艳璇、赵建伟	2020 年 07 月 17 日
120	CN106636378B	用于检测番茄晚疫病菌的 LAMP 引物组合物和应用	福建省农业科学院植物保护研究所	兰成忠、姚锦爱、阮宏椿、吴　玮	2020 年 07 月 17 日
121	CN107058609B	一种荔枝霜疫霉 PCR 引物及其分子检测方法	福建省农业科学院植物保护研究所	王荣波、陈庆河、李本金、刘裴清、翁启勇	2020 年 07 月 17 日
122	CN109762752B	一株杀结节链霉菌株及其应用	福建省农业科学院植物保护研究所	石妞妞、杜宜新、阮宏椿、陈福如、杨秀娟、甘　林、代玉立	2020 年 06 月 30 日
123	CN109762753B	一株特殊生境链霉菌株及其应用	福建省农业科学院植物保护研究所	石妞妞、杜宜新、阮宏椿、陈福如、杨秀娟、甘　林、代玉立	2020 年 06 月 30 日
124	CN108496968B	一种甘薯小象甲引诱剂	福建省农业科学院植物保护研究所	田厚军、魏　辉、陈　勇、陈艺欣、林　硕、游　泳、杨风花、曾兆华	2020 年 05 月 26 日
125	CN106978468B	温室采集分离用玫烟色棒束孢分生孢子培养基及制备方法	福建省农业科学院植物保护研究所	郑　宇、何玉仙、刘晓菲、姚凤銮、丁雪玲、翁启勇	2020 年 03 月 24 日
126	CN107517999B	一种含有马拉硫磷和吡丙醚的杀虫组合物及其应用	福建省农业科学院植物保护研究所	邱良妙、占志雄、刘其全、卢学松、汪进仕	2020 年 02 月 21 日
127	CN107372595B	一种蟑螂诱杀剂及其制备方法	福建省农业科学院植物保护研究所	魏　辉、田厚军、赵建伟、林　硕、陈艺欣、陈　勇、杨风花	2020 年 01 月 21 日
128	CN106868147B	一种香蕉叶斑病菌分子检测引物及其快速检测方法	福建省农业科学院植物保护研究所	杜宜新、石妞妞、陈福如、阮宏椿、甘　林、杨秀娟、代玉立	2020 年 01 月 21 日

（续表）

序号	公开（公告）号	专利标题	申请人	发明人	授权公告日
129	CN105124220B	芒果横线尾夜蛾幼虫半合成人工饲料及其制备方法	福建省农业科学院植物保护研究所	田厚军、林　硕、魏　辉、陈艺欣、王定锋	2020 年 01 月 17 日
130	CN106381341B	一种芋疫霉菌巢式 PCR 检测引物及其应用	福建省农业科学院植物保护研究所	兰成忠、吴　玮、阮宏椿、姚锦爱	2020 年 01 月 17 日
131	CN107236821B	一种用于西葫芦杂交种子纯度鉴定的 SSR 引物及方法	福建省农业科学院作物研究所	朱海生、温庆放、李永平、王　彬、刘建汀、陈敏氡、林　珲、张前荣、叶新如、黄丽芳	2020 年 11 月 10 日
132	CN107604094B	基于转录组测序开发的花椰菜 SSR 引物	福建省农业科学院作物研究所	林　珲、朱海生、李永平、陈敏氡、温庆放、薛珠政、叶新如	2020 年 10 月 27 日
133	CN107653250B	一种鸡爪槭内参基因及其应用	福建省农业科学院作物研究所	林榕燕、钟淮钦、陈裕德、林　兵、罗远华	2020 年 10 月 27 日
134	CN107312868B	基于美洲南瓜转录组序列开发的 SSR 引物组及其应用	福建省农业科学院作物研究所	朱海生、温庆放、王　彬、黄丽芳、陈敏氡、刘建汀	2020 年 07 月 17 日
135	CN106800439B	一种白芦笋专用肥配方及其使用方法	福建省热带作物科学研究所	林秀香、陈振东、林秋金、卢松茂、余智诚、牛先前	2020 年 11 月 27 日
136	CN108271652B	一种公石松节水栽培方法	福建省热带作物科学研究所	郑　涛、林艺华、王龙平、潘腾飞、蔡坤秀	2020 年 06 月 26 日
137	CN106868084B	菲律宾蛤仔高活性抗肿瘤肽的制备方法及应用	福建省水产研究所	刘智禹、蔡康鹏、吴靖娜、蔡水淋	2020 年 10 月 09 日
138	CN107641664B	检测鱼神经坏死病毒的引物组及其应用	福建省水产研究所（福建水产病害防治中心）	葛　辉、林克冰、黄种持、朱志煌	2020 年 09 月 22 日
139	CN108207727B	一种方形网箱辅助管理装置	福建省水产研究所（福建水产病害防治中心）	张　哲、郑国富、丁　兰、魏盛军、蔡文鸿、陈思源、许智海	2020 年 08 月 28 日
140	CN107926770B	赤点石斑鱼与鞍带石斑鱼远缘杂交育种方法	福建省水产研究所（福建水产病害防治中心）、厦门小嶝水产科技有限公司	郑乐云、吴水清、黄种持、罗辉玉、邱峰岩、林克冰、葛　辉、吴精灵、林金波、梁贵福、陈新明	2020 年 01 月 17 日

（续表）

序号	公开 （公告）号	专利标题	申请人	发明人	授权公告日
141	CN107287131B	一种小单孢菌、其代谢产物大环内酰胺化合物和在抗肿瘤中的应用	福建省微生物研究所	聂毅磊、江 红、连云阳、林 如、谢 阳、方东升	2020 年 10 月 16 日
142	CN107177661B	一种利用米渣替代部分玉米浆干粉的金霉素发酵培养基	福建省微生物研究所	孙 菲、张祝兰、任林英、唐文力	2020 年 10 月 09 日
143	CN110283747B	一种发酵高产大环内酰胺化合物的海洋小单孢菌株及其应用	福建省微生物研究所	孙 菲、赵 薇、周 剑、江 红	2020 年 05 月 22 日
144	CN108383831B	一种贝托斯汀重要中间体的制备方法	福建省微生物研究所	黄杨威、成佳威、郑治尧、林燕琴、陈 忠、赵学清	2020 年 05 月 05 日
145	CN106589075B	一种替考拉宁的提纯方法	福建省微生物研究所	杨煌建、张祝兰、连云阳、王德森、任林英、高振云、刘 珣	2020 年 05 月 05 日
146	CN106365318B	一种串联培养微藻深度处理污水的方法	福建省微生物研究所	聂毅磊、陈 宏、贾 纬、罗立津	2020 年 01 月 31 日
147	CN107827908B	一种雷帕霉素三氮唑衍生物及其制备方法和用途	福建省微生物研究所	谢立君、黄庆文、黄 捷、程元荣、李邦良、陈晓明、余 辉、郑从淼、应加银、吕裕斌、潘福生	2020 年 01 月 21 日
148	CN107245460B	一种高产子囊霉素的吸水链霉菌诱变菌株及其应用	福建省微生物研究所	张祝兰、连云阳、任林英、王德森、杨煌建、黄洪祥、邱观荣、唐文力	2020 年 01 月 03 日
149	CN108148076B	一种雷帕霉素 C43 位胍基衍生物及其制备方法和用途	福建省微生物研究所	程元荣、谢立君、黄 捷、黄庆文、李邦良、陈晓明、余 辉、郑从淼、应加银、吕裕斌	2020 年 01 月 03 日
150	CN109406709B	一种太子参药材中氨基酸类成分的薄层鉴别方法	福建省中医药研究院（福建省青草药开发服务中心）	阙永军、胡 娟、蒋 畅、庞文生、杨 晗	2020 年 11 月 10 日
151	CN109358153B	一种太子参药材中脂溶性成分的薄层鉴别方法	福建省中医药研究院（福建省青草药开发服务中心）	阙永军、胡 娟、蒋 畅、庞文生、杨 晗	2020 年 11 月 06 日
152	CN106962238B	一茬半刺厚唇鱼混养两茬日本沼虾的池塘混养方法	福建省淡水水产研究所	薛凌展、樊海平、秦志清、吴妹英	2019 年 08 月 27 日

（续表）

序号	公开（公告）号	专利标题	申请人	发明人	授权公告日
153	CN106489801B	一种半刺厚唇鱼全人工育苗方法	福建省淡水水产研究所	秦志清、樊海平、薛凌展、钟全福、梁萍	2019 年 05 月 24 日
154	CN106577406B	一种鱼卵自动脱黏装置及其使用方法	福建省淡水水产研究所	薛凌展、樊海平、秦志清	2019 年 04 月 16 日
155	CN106491625B	一种治疗罗非鱼三代虫病的复合制剂	福建省淡水水产研究所	钟全福、樊海平、王茂元	2019 年 01 月 04 日
156	CN106186323B	一种启动一体化短程硝化-厌氧氨氧化工艺的方法	福建省环境科学研究院	陈益明、张健	2019 年 02 月 22 日
157	CN105554474B	一种安全监控系统及方法	福建省计量科学研究院	雷阳、周杰、张灯灿、苏黎丽、金晶	2019 年 03 月 12 日
158	CN106644026B	一种静重式力标准机的砝码的加卸载控制方法	福建省计量科学研究院	姚进辉、王秀荣、林硕、赖征创、梁伟、沈小燕、谢杰、阙鹏峰、甘正	2019 年 03 月 12 日
159	CN106286579B	负荷传感器的推力关节轴承结构	福建省计量科学研究院	梁伟、王秀荣、姚进辉、郭贵勇、赖征创、林硕	2019 年 01 月 18 日
160	CN105487081B	一种用于激光测速仪的微分探测系统	福建省计量科学研究院、微测仪器（福州）有限公司	林军、吕丹、徐峰、李杰、黄志明、刘晓君	2019 年 04 月 02 日
161	CN106106004B	一种紫薇单株种质的快速扦插繁殖方法	福建省林业科学研究院	范辉华、姚湘明、李乾振、汤行昊、张娟、张天宇	2019 年 10 月 25 日
162	CN107568069B	一种光皮桦组培苗高效增殖方法	福建省林业科学研究院	谢一青、李志真、陈伟	2019 年 09 月 20 日
163	CN106350457B	一种白僵菌高孢粉的制备方法	福建省林业科学研究院	何学友、蔡守平、曾丽琼、杨希、黄金水	2019 年 08 月 13 日
164	CN106244466B	一种绿僵菌高孢粉的制备方法	福建省林业科学研究院	蔡守平、何学友、曾丽琼、汤陈生、潘爱芳、杨希、黄金水	2019 年 07 月 19 日
165	CN105900777B	一种苗木合格率高的福建柏育苗方法	福建省林业科学研究院	郑仁华、苏顺德、周宗哲、吴清金	2019 年 01 月 25 日
166	CN106219736B	用于曝气生物滤池的复合型生物滤料	福建省闽东水产研究所	全汉锋、王兴春、谢友佺、施学文、刘巧灵、黄惠珍、张芳芳、范希军	2019 年 03 月 22 日

序号	公开（公告）号	专利标题	申请人	发明人	授权公告日
167	CN106186520B	适用于大黄鱼的循环水养殖工艺	福建省闽东水产研究所	全汉锋、王兴春、谢友伭、施学文、刘巧灵、黄惠珍、张芳芳、范希军	2019 年 03 月 19 日
168	CN106172905B	一种栗香型炒青绿茶的加工方法	福建省农业科学院茶叶研究所	钟秋生、林郑和、张 辉、阮其春、游小妹	2019 年 10 月 11 日
169	CN106577254B	一种提高茶树人工授粉效率的工具套装及其授粉方法	福建省农业科学院茶叶研究所	王让剑、高香凤、杨 军、孔祥瑞、郑国华	2019 年 03 月 22 日
170	CN105993735B	一种害虫防治方法	福建省农业科学院茶叶研究所	曾明森、吴光远、刘丰静、李慧玲、张 辉、王定锋、王庆森、李良德、高香凤	2019 年 03 月 12 日
171	CN105907877B	一种区别鸭疫里默氏菌和大肠杆菌的引物及其方法	福建省农业科学院畜牧兽医研究所	程龙飞、傅光华、林群群、傅秋玲、刘荣昌、林建生、万春和、施少华、陈红梅、黄 瑜	2019 年 11 月 19 日
172	CN106719361B	一种发酵床养殖的羔羊早期断奶方法	福建省农业科学院畜牧兽医研究所	刘远、李文杨、吴贤锋、陈鑫珠、张晓佩、高承芳、黄勤楼	2019 年 10 月 01 日
173	CN106119422B	区别 clade2.3.4 和 clade 2.3.4.4H5 AIV 的 PCR－RFLP 方法	福建省农业科学院畜牧兽医研究所	陈 珍、万春和、施少华、刘荣昌、黄 瑜、程龙飞、傅光华、傅秋玲、陈红梅	2019 年 08 月 02 日
174	CN106222107B	一株来自猪场废弃物的极端嗜热细菌	福建省农业科学院畜牧兽医研究所	缪伏荣、刘 景、董志岩、李忠荣、叶鼎承、邱华玲、方桂友	2019 年 07 月 26 日
175	CN106719391B	一种提高半番鸭白羽率及等级的选育方法	福建省农业科学院畜牧兽医研究所	郑嫩珠、辛清武、缪中纬、朱志明、李 丽、陈 晖	2019 年 07 月 23 日
176	CN105886654B	一种区别鸭和鹅三种常见致病菌的引物及方法	福建省农业科学院畜牧兽医研究所	程龙飞、傅光华、林群群、林建生、傅秋玲、刘荣昌、万春和、施少华、陈红梅、黄 瑜	2019 年 06 月 28 日
177	CN106718972B	一种山羊垫料圈养装置及其圈养方法	福建省农业科学院畜牧兽医研究所	李文杨、刘 远、吴贤锋、张晓佩、高承芳、陈鑫珠、黄勤楼、刘 波	2019 年 06 月 18 日

（续表）

序号	公开 （公告）号	专利标题	申请人	发明人	授权公告日
178	CN106520706B	一种坦布苏病毒及其疫苗	福建省农业科学院畜牧兽医研究所	傅秋玲、傅光华、黄　瑜、陈红梅、程龙飞、施少华、万春和、刘荣昌、林建生	2019 年 05 月 07 日
179	CN105886658B	一种用于检测鸭疫里默氏菌主要毒力因子的多重PCR 引物	福建省农业科学院畜牧兽医研究所	陈红梅、黄　瑜、程龙飞、施少华、傅光华、万春和、傅秋玲、陈翠腾、刘荣昌	2019 年 04 月 30 日
180	CN107064497B	一种便携式电泳和拍照设备及其使用方法	福建省农业科学院畜牧兽医研究所	林　羽、春　和	2019 年 03 月 01 日
181	CN105018645B	用于检测经典型和变异型猪伪狂犬病毒的实时荧光PCR-HRM 引物	福建省农业科学院畜牧兽医研究所	陈如敬、吴学敏、周伦江、陈秋勇、车勇良、严　山、王晨燕、王隆柏、魏　宏、刘玉涛	2019 年 01 月 04 日
182	CN105861449B	短嘴矮小综合症小鹅瘟灭活疫苗的制备方法	福建省农业科学院畜牧兽医研究所、陈少莺	陈少莺、陈仕龙、程晓霞、俞伏松、林锋强、朱小丽、王　劭、肖世峰、吴南洋、王锦祥	2019 年 07 月 12 日
183	CN107360926B	一种南方李果幼树栽培管理方法	福建省农业科学院果树研究所	廖汝玉、詹晓敏、张学彬	2019 年 12 月 20 日
184	CN106888904B	一种提早杨梅果实成熟的方法	福建省农业科学院果树研究所	林旗华、张泽煌、钟秋珍	2019 年 12 月 17 日
185	CN107466697B	一种改善套袋桃果实着色的方法	福建省农业科学院果树研究所	周　平、金　光、郭　瑞、颜少宾	2019 年 12 月 03 日
186	CN108184535B	一种实现盆栽葡萄花果同盆的方法	福建省农业科学院果树研究所	陈　婷、雷　龑、刘鑫铭、李　钟	2019 年 12 月 03 日
187	CN105724176B	一种延长梨结果枝组更新周期的修剪方法	福建省农业科学院果树研究所	黄新忠、曾少敏、张长和、傅兴安、陈小明	2019 年 11 月 19 日
188	CN107624417B	一种梨拉枝定位开角的预处理方法	福建省农业科学院果树研究所	黄新忠、曾少敏、陈小明	2019 年 11 月 15 日
189	CN106961983B	一种克服火龙果果实裂果的方法	福建省农业科学院果树研究所	刘友接、谢丽雪、熊月明、王建超、胡菡青、杨　凌	2019 年 11 月 12 日
190	CN107581056B	一种番木瓜杂交育种方法	福建省农业科学院果树研究所	熊月明、刘友接、黄雄峰	2019 年 11 月 01 日

序号	公开（公告）号	专利标题	申请人	发明人	授权公告日
191	CN106916901B	莲雾 EST-SSR 分子标记	福建省农业科学院果树研究所	魏秀清、许家辉、章希娟、许　玲、陈长忠	2019 年 08 月 27 日
192	CN107036987B	分光光度计测定李果实中磷酸葡萄糖异构酶活性的方法	福建省农业科学院果树研究所	姜翠翠、叶新福、方智振、周丹蓉、潘少霖	2019 年 07 月 23 日
193	CN106034948B	利用枇杷长壮枝结果的栽培方法	福建省农业科学院果树研究所	蒋际谋、邓朝军、许奇志、陈秀萍、郑少泉、陈天佑	2019 年 05 月 31 日
194	CN105850643B	一种双干"Y"字形梨拱形棚架栽培定植与整形方法	福建省农业科学院果树研究所	黄新忠、曾少敏、张长和、傅兴安、陈小明	2019 年 05 月 24 日
195	CN106065415B	一种油＊梅下毛瘿螨 PCR 检测引物及其检测方法	福建省农业科学院果树研究所	胡菡青、范国成、林雄杰、王贤达、罗水鑫、陈　瑾	2019 年 05 月 14 日
196	CN106069259B	一种采果用无患子整形修剪方法	福建省农业科学院果树研究所	姜翠翠、卢新坤、叶新福	2019 年 05 月 10 日
197	CN105815186B	一种双干双主枝形梨棚架栽培定植与整形方法	福建省农业科学院果树研究所	黄新忠、曾少敏、张长和、傅兴安、陈小明	2019 年 04 月 19 日
198	CN105900625B	一种以草防控柑橘蚜虫的方法	福建省农业科学院果树研究所	卢新坤、林燕金、卢艳清、林旗华、姜翠翠	2019 年 02 月 15 日
199	CN105850472B	一种单干单主枝形梨棚架栽培定植与整形方法	福建省农业科学院果树研究所	黄新忠、曾少敏、张长和、傅兴安、陈小明	2019 年 01 月 29 日
200	CN107348442B	一种高膳食纤维低 GI 值速食银耳羹及其加工方法	福建省农业科学院农业工程技术研究所	李怡彬、陈君琛、吴　俐、汤葆莎、赖谱富	2019 年 10 月 25 日
201	CN107244723B	一种具有光催化和混凝复合性能的污水净化剂及其应用	福建省农业科学院农业工程技术研究所	陈　彪、肖艳春、黄　婧、魏云华、钱庆荣、张燕青、林香信	2019 年 09 月 27 日
202	CN106937601B	一种提高葡萄试管苗移栽成活率的方法	福建省农业科学院农业工程技术研究所	赖呈纯、范丽华、黄贤贵、潘　红、谢鸿根	2019 年 09 月 20 日
203	CN107235531B	一种改性二氧化钛螯合聚硅酸铝铁的污水净化剂	福建省农业科学院农业工程技术研究所	陈　彪、肖艳春、黄　婧、魏云华、钱庆荣、张燕青、林香信	2019 年 08 月 27 日

（续表）

序号	公开 （公告）号	专利标题	申请人	发明人	授权公告日
204	CN105494580B	一种高膳食纤维黄秋葵饼干及其制备方法	福建省农业科学院农业工程技术研究所	赖谱富、陈君琛、翁敏劼、沈恒胜、李怡彬	2019 年 07 月 23 日
205	CN106591264B	一种内切葡聚糖酶促进因子	福建省农业科学院农业工程技术研究所	官雪芳、林 斌、钱 蕾、徐庆贤、黄菊青	2019 年 07 月 23 日
206	CN107312204B	用于去除污水有机物的壳聚糖铁钛聚合材料及其制备	福建省农业科学院农业工程技术研究所	肖艳春、陈 彪、黄 婧、魏云华、钱庆荣、张燕青、林香信	2019 年 06 月 21 日
207	CN106434297B	一种沼气发酵系统	福建省农业科学院农业工程技术研究所	徐庆贤、官雪芳、黄菊青、林 斌、钱 蕾	2019 年 06 月 11 日
208	CN105176854B	一种红曲黄酒酿造用的酿酒酵母菌株	福建省农业科学院农业工程技术研究所	何志刚、梁璋成、任香芸、林晓姿、李维新、林晓健	2019 年 03 月 26 日
209	CN106399121B	一种紫色红曲菌菌株	福建省农业科学院农业工程技术研究所	任香芸、何志刚、林晓健、梁璋成、林晓姿、李维新、庄林歆	2019 年 03 月 22 日
210	CN106244279B	以新鲜牛粪为主要原料制备生物质燃料的方法	福建省农业科学院农业工程技术研究所	陈 彪、黄 婧、肖艳春、魏云华、张燕青、林香信	2019 年 01 月 25 日
211	CN106244278B	以新鲜鸡粪为主要原料制备生物质燃料的方法	福建省农业科学院农业工程技术研究所	陈 彪、肖艳春、黄 婧、魏云华、张燕青、林香信	2019 年 01 月 22 日
212	CN106281562B	以新鲜猪粪为主要原料制备生物质燃料的方法	福建省农业科学院农业工程技术研究所	陈 彪、黄 婧、肖艳春、魏云华、张燕青、林香信	2019 年 01 月 22 日
213	CN108020382B	人、鱼、蔬菜载人试验装置及工作方法	福建省农业科学院农业生态研究所	杨有泉、陈 敏、邓素芳、蔡淑芳、刘 晖	2019 年 07 月 23 日
214	CN106334137B	一种预防和治疗肉猪呼吸道疾病的中草药饲料添加剂	福建省农业科学院农业生态研究所	应朝阳、李振武、林忠宁、陆 烝、黄秀声、杨有泉	2019 年 03 月 19 日
215	CN107163188B	一种化学改性黄原胶的制备方法	福建省农业科学院农业生物资源研究所	郑梅霞、廉凤丽、熊 瑶、张龙涛、刘 波、朱育菁、张 怡、郑宝东	2019 年 08 月 16 日
216	CN107306790B	白及微块茎的组培快繁方法	福建省农业科学院农业生物资源研究所	陈菁瑛、刘保财、万学锋、赵云青、张武君、黄颖桢	2019 年 05 月 31 日

序号	公开（公告）号	专利标题	申请人	发明人	授权公告日
217	CN106577281B	黄花远志茎段组培高成苗率培育方法	福建省农业科学院农业生物资源研究所	陈菁瑛、黄颖桢、赵云青、刘保财	2019 年 04 月 16 日
218	CN105176871B	一种高纯度无致病力的青枯雷尔氏菌菌株	福建省农业科学院农业生物资源研究所	刘　波、郑雪芳、朱育菁、唐建阳、车建美	2019 年 01 月 18 日
219	CN107653240B	一种 DNA-Marker Ⅰ分子量标准及其制备方法与应用	福建省农业科学院农业质量标准与检测技术研究所	吕　新、李玥仁、陈丽华、刘兰英、黄　薇	2019 年 12 月 03 日
220	CN106489809B	一种特种水产养殖系统	福建省农业科学院农业质量标准与检测技术研究所	罗　钦、罗土炎、饶秋华	2019 年 11 月 01 日
221	CN106335994B	一种特种水产养殖净化剂	福建省农业科学院农业质量标准与检测技术研究所	罗　钦、罗土炎、饶秋华	2019 年 06 月 11 日
222	CN105969796B	一种利用 TALENs 技术定点突变 GW2 基因创制水稻高产材料的方法	福建省农业科学院生物技术研究所	周淑芬、王　锋、施惠芳、刘华清、杨绍华、陈　睿	2019 年 08 月 27 日
223	CN106555001B	一种水稻抗稻瘟病基因的分子标记及其应用	福建省农业科学院生物技术研究所	陈松彪、陈子强、田大刚、陈在杰、王　锋	2019 年 07 月 26 日
224	CN107548991B	一种百合试管鳞茎的培植方法	福建省农业科学院生物技术研究所	方少忠、张　洁、陈诗林、蔡宣梅、郭文杰、杨成龙、郑大江	2019 年 07 月 23 日
225	CN106069258B	一种桔柚枝组隔年轮换结果与枝团更新的修剪方法	福建省农业科学院生物技术研究所	刘　韬、吴瑞东、刘旭颉、庄志鸿	2019 年 05 月 10 日
226	CN105132412B	一种 arf1 基因 3′-UTR 及其在控制基因表达中的应用	福建省农业科学院生物技术研究所	王　锋、苏　军、管其龙、陈松彪、李　刚、颜静宛、林智敏、胡太蛟	2019 年 02 月 22 日
227	CN105995370B	一种以绣球菌耳基为原料的绣球菌固体饮料及其制备方法	福建省农业科学院食用菌研究所	张　迪	2019 年 07 月 02 日
228	CN107372095B	一种基于染色体片段置换系定位作物显性基因的方法	福建省农业科学院水稻研究所	杨德卫、叶新福、程朝平、郑向华、叶　宁	2019 年 04 月 16 日
229	CN105441367B	一株粘质沙雷氏菌及其应用	福建省农业科学院土壤肥料研究所	陈济琛、林新坚、贾宪波、蔡海松、方　宇	2019 年 09 月 03 日
230	CN105441402B	一种产过氧化氢酶的发酵工艺	福建省农业科学院土壤肥料研究所	贾宪波、林新坚、陈济琛、陈龙军、蔡海松	2019 年 09 月 03 日

（续表）

序号	公开 （公告）号	专利标题	申请人	发明人	授权公告日
231	CN106010544B	一种含还原铝的复合重金属钝化剂及其使用方法	福建省农业科学院土壤肥料研究所	黄东风、王利民、张 青、罗 涛、李卫华、邱孝煊	2019 年 07 月 23 日
232	CN107155488B	一种定量自启自闭式水肥慢渗水袋	福建省农业科学院土壤肥料研究所	孔庆波、张 青、陈 清、张 华、章明清、黄绿林	2019 年 06 月 28 日
233	CN106316117B	一种缓释玻璃肥料及其工业化生产方法	福建省农业科学院土壤肥料研究所	郑祥洲、丁 洪、张玉树、张 晶	2019 年 04 月 26 日
234	CN105483061B	一种解脲芽孢杆菌及其生产高温过氧化氢酶的方法	福建省农业科学院土壤肥料研究所	林新坚、陈济琛、方 宇、贾宪波、田燕丹、郑 力	2019 年 04 月 12 日
235	CN106432530B	一种竹荪菌托胶质多糖的提取工艺	福建省农业科学院土壤肥料研究所	林陈强、陈济琛、张 慧、林戎斌、郑 力、林新坚	2019 年 04 月 12 日
236	CN105316262B	一种嗜热芽胞杆菌菌株及其应用	福建省农业科学院土壤肥料研究所	林新坚、陈济琛、贾宪波、陈龙军	2019 年 03 月 15 日
237	CN106561359B	一种利用信息素复合物与瓢虫联合防治蚜虫类害虫的方法	福建省农业科学院植物保护研究所	魏 辉、田厚军、陈艺欣、陈 勇、林 硕、张艳璇、赵建伟	2019 年 11 月 19 日
238	CN106755339B	黄瓜炭疽病菌 LAMP 检测引物及其应用	福建省农业科学院植物保护研究所	兰成忠、吴 玮、阮宏椿、姚锦爱	2019 年 11 月 19 日
239	CN107006433B	一种提高小菜蛾交配比率与交配时间的复合物	福建省农业科学院植物保护研究所	田厚军、魏 辉、林 硕、陈 勇、陈艺欣、王定锋	2019 年 10 月 11 日
240	CN106434993B	用于检测黄瓜枯萎病菌的 LAMP 引物组合物及其应用	福建省农业科学院植物保护研究所	兰成忠、吴 玮、姚锦爱、阮宏椿	2019 年 10 月 01 日
241	CN107937312B	一株贝莱斯芽孢杆菌在防治黄瓜疫病中的应用	福建省农业科学院植物保护研究所	游 泳、兰成忠、阮宏椿	2019 年 10 月 01 日
242	CN107937313B	一株用于防治黄瓜枯萎病的贝莱斯芽孢杆菌及其应用	福建省农业科学院植物保护研究所	兰成忠、游 泳、杨秀娟、阮宏椿	2019 年 10 月 01 日
243	CN108029703B	一株贝莱斯芽孢杆菌在防治辣椒疫病中的应用	福建省农业科学院植物保护研究所	兰成忠、游 泳、杨秀娟、阮宏椿	2019 年 10 月 01 日
244	CN106399529B	一种香蕉黑星病菌分子检测引物及检测方法	福建省农业科学院植物保护研究所	杜宜新、石妞妞、陈福如、阮宏椿、杨秀娟、甘 林、代玉立	2019 年 09 月 24 日

（续表）

序号	公开（公告）号	专利标题	申请人	发明人	授权公告日
245	CN107142229B	一种防治辣椒疫病的生防放线菌菌株及其应用	福建省农业科学院植物保护研究所	李本金、陈庆河、刘裴清、王荣波、翁启勇	2019 年 09 月 24 日
246	CN107384803B	一株对热区花果蓟马具有强侵染力的球孢白僵菌 BB－T02	福建省农业科学院植物保护研究所	黄 鹏、余德亿、姚锦爱	2019 年 09 月 20 日
247	CN107027824B	一种含中药提取物和农药的香蕉枯萎病菌协同增效组合物	福建省农业科学院植物保护研究所	刘裴清、翁启勇、王荣波、李本金、陈庆河	2019 年 09 月 10 日
248	CN106987526B	一株绿僵菌 FM－03 及其在防治粉蚧中的应用	福建省农业科学院植物保护研究所	黄 鹏、余德亿、姚锦爱、蓝炎阳	2019 年 09 月 03 日
249	CN107043726B	一株放线菌 SVFJ－07 及其在防治兰花炭疽病中的应用	福建省农业科学院植物保护研究所	姚锦爱、余德亿、黄 鹏、黄俊义	2019 年 08 月 30 日
250	CN106244721B	一种辣椒黑点炭疽病菌分子检测引物及检测方法	福建省农业科学院植物保护研究所	石妞妞、杜宜新、陈福如、杨秀娟、甘 林、阮宏椿、代玉立	2019 年 08 月 27 日
251	CN106258648B	一种茶小绿叶蝉的综合防控方法	福建省农业科学院植物保护研究所	陈 峰、王长方、胡进锋、王 俊、吴 玮	2019 年 08 月 27 日
252	CN106381340B	番茄灰霉病菌 LAMP 检测引物、检测试剂盒及其应用	福建省农业科学院植物保护研究所	兰成忠、姚锦爱、阮宏椿、吴 玮	2019 年 08 月 27 日
253	CN106399187B	一株海洋细菌 BA－3 及其在防治兰花病害中的应用	福建省农业科学院植物保护研究所	姚锦爱、余德亿、兰成忠、黄俊义、黄 鹏	2019 年 08 月 27 日
254	CN106434989B	烟草赤星病菌的 LAMP 快速检测方法	福建省农业科学院植物保护研究所	兰成忠、阮宏椿、姚锦爱、吴 玮	2019 年 08 月 27 日
255	CN106434998B	芋疫霉菌环介导等温扩增检测引物及检测方法	福建省农业科学院植物保护研究所	兰成忠、姚锦爱、阮宏椿、吴 玮	2019 年 08 月 27 日
256	CN106520977B	环介导等温扩增法检测苜蓿根腐病菌的引物及方法	福建省农业科学院植物保护研究所	兰成忠、阮宏椿、姚锦爱、吴 玮	2019 年 08 月 27 日
257	CN106244720B	一种桃炭疽病菌分子检测引物及检测方法	福建省农业科学院植物保护研究所	杜宜新、石妞妞、阮宏椿、甘 林、陈福如、杨秀娟、代玉立	2019 年 07 月 23 日
258	CN106480227B	一种西瓜果斑病菌巢式 PCR 检测方法	福建省农业科学院植物保护研究所	刘裴清、李本金、丁雪玲、翁启勇、王荣波、陈庆河	2019 年 07 月 19 日

（续表）

序号	公开（公告）号	专利标题	申请人	发明人	授权公告日
259	CN106434500B	一种防治大豆疫病的生防放线菌菌株及其应用	福建省农业科学院植物保护研究所	陈庆河、李本金、刘裴清、王荣波、翁启勇	2019 年 06 月 28 日
260	CN106614792B	一种抗瓜类果斑病菌的组合物	福建省农业科学院植物保护研究所	刘裴清、翁启勇、李本金、丁雪玲、陈庆河	2019 年 06 月 28 日
261	CN106434990B	一种苴蓿疫霉菌巢式PCR 检测方法	福建省农业科学院植物保护研究所	兰成忠、阮宏椿、姚锦爱、吴 玮	2019 年 06 月 25 日
262	CN105925522B	一种玉米大斑病菌产孢培养基及其应用	福建省农业科学院植物保护研究所	石妞妞、杜宜新、陈福如、阮宏椿、杨秀娟、甘 林、代玉立	2019 年 06 月 21 日
263	CN106105735B	一种用于虎尾兰设施种植的简约化控害方法	福建省农业科学院植物保护研究所	余德亿、黄 鹏、姚锦爱、蓝炎阳、董金龙	2019 年 06 月 21 日
264	CN106359314B	用一种交替食物的配方大量繁殖异色瓢虫的方法与用途	福建省农业科学院植物保护研究所	孙 莉、张艳璇、陈 霞、林公羽、林坚贞	2019 年 05 月 24 日
265	CN106472431B	一种日本刀角瓢虫蛹的收集方法与日本刀角瓢虫人工大规模繁殖方法	福建省农业科学院植物保护研究所	何玉仙、姚凤銮、郑 宇、丁雪玲、翁启勇	2019 年 05 月 10 日
266	CN107094769B	含有咯菌腈和腈苯唑的杀菌剂组合物及其应用	福建省农业科学院植物保护研究所	杜宜新、石妞妞、阮宏椿、陈福如、甘 林、杨秀娟、代玉立	2019 年 05 月 07 日
267	CN105256060B	一种金线莲炭疽病菌PCR 检测引物及其检测方法	福建省农业科学院植物保护研究所	陈庆河、李本金、刘小丽、卓司麒、刘裴清、翁启勇	2019 年 03 月 19 日
268	CN105648106B	一种玉米大斑病菌分子检测引物及快速检测方法	福建省农业科学院植物保护研究所	石妞妞、杜宜新、阮宏椿、陈福如、杨秀娟、甘 林	2019 年 03 月 19 日
269	CN105648107B	一种玉米小斑病菌分子检测引物及快速检测方法	福建省农业科学院植物保护研究所	杜宜新、陈福如、杨秀娟、石妞妞、代玉立、阮宏椿、甘 林	2019 年 03 月 19 日
270	CN105734132B	一种双孢蘑菇褐腐病菌分子检测引物及快速检测方法	福建省农业科学院植物保护研究所	杜宜新、陈福如、石妞妞、阮宏椿、甘 林、杨秀娟、代玉立	2019 年 01 月 04 日
271	CN107926448B	一种保持木豆多年生高产的种植方法	福建省农业科学院作物研究所	李爱萍、郑开斌、徐晓俞、陈象新	2019 年 08 月 02 日

序号	公开 （公告）号	专利标题	申请人	发明人	授权公告日
272	CN107466862B	一种快速繁殖鼓槌石斛组培苗的方法	福建省农业科学院作物研究所	叶秀仙、钟淮钦、陈艺荃、林　兵、罗远华	2019 年 07 月 05 日
273	CN107047305B	一种秋石斛兰种苗的组织培养快速繁殖方法	福建省农业科学院作物研究所	叶秀仙、黄敏玲、钟淮钦、樊荣辉、林榕燕	2019 年 04 月 30 日
274	CN107047306B	用于秋石斛兰快速繁殖的培养基组	福建省农业科学院作物研究所	叶秀仙、黄敏玲、林榕燕、钟淮钦、樊荣辉	2019 年 04 月 30 日
275	CN105821154B	一种用于丝瓜杂交种子纯度鉴定的 SSR 引物及其方法	福建省农业科学院作物研究所	朱海生、温庆放、李祖亮、刘建汀、陈敏氡、王　彬、张前荣	2019 年 03 月 08 日
276	CN106831963B	石斑鱼神经坏死病毒 Coat 基因、在大肠杆菌中表达方法及应用	福建省水产研究所	林克冰、葛　辉、黄种持、朱志煌	2019 年 10 月 11 日
277	CN107389921B	一种兔抗石斑鱼血清免疫球蛋白 HRP 标记抗体的制备方法及应用	福建省水产研究所	葛　辉、林克冰、黄种持、朱志煌	2019 年 10 月 11 日
278	CN105686006B	一种牡蛎复合功能食品及其制备方法	福建省水产研究所	刘智禹、许　旻、张良松、刘淑集、吴靖娜、苏永昌、苏　捷、陈慧斌	2019 年 03 月 19 日
279	CN106472366B	一种黄金海马亲本养殖方法	福建省水产研究所、厦门小嶝水产科技有限公司	郑乐云、杨求华、邱峰岩、吴精灵、林金波、刘银华、陈新明	2019 年 07 月 09 日
280	CN106495514B	一种海砂淡化装置及其淡化方法	福建省水利水电科学研究院	李孝成、何　捷、郭国林	2019 年 04 月 19 日
281	CN107164260B	一种高产替考拉宁的替考游动放线菌诱变菌株及其应用	福建省微生物研究所	张祝兰、连云阳、任林英、杨煌建、王德森、唐文力、邱观荣、黄洪祥	2019 年 12 月 31 日
282	CN107556293B	一种奥西替尼的合成工艺	福建省微生物研究所	郑从桑、程元荣、黄　捷、余　辉、黄庆文、李夸良、杨国新、陈夏琴	2019 年 12 月 03 日
283	CN107029655B	用于黄曲霉毒素净化的多功能磁性纳米粒子及其制备方法	福建省微生物研究所	张雪佩、方东升、陈有钟、周璟明、陈秀明、周　剑、郑孝贤、王　海、龙徐兰	2019 年 11 月 08 日

（续表）

序号	公开（公告）号	专利标题	申请人	发明人	授权公告日
284	CN109182180B	一种灰棕褐链霉菌及其发酵生产巴弗洛霉素 A1 的应用	福建省微生物研究所	周　剑、江　红	2019 年 11 月 08 日
285	CN107501294B	雷帕霉素胍基衍生物和用途	福建省微生物研究所	黄　捷、谢立君、程元荣、李邦良、陈晓明、黄庆文、余　辉、郑从燊、应加银、潘福生、吕裕斌、杨国新、陈夏琴、金东伟、李夸良	2019 年 09 月 10 日
286	CN106995785B	一种栅藻的保藏方法	福建省微生物研究所	聂毅磊、陈　宏、贾　纬、庄　鸿、罗立津	2019 年 06 月 28 日
287	CN106928139B	一种贝达喹啉杂质的合成方法	福建省微生物研究所	黄杨威、林　风、林燕琴、郑治尧、赵学清、陈　忠	2019 年 06 月 25 日
288	CN106946847B	一种贝他斯汀重要中间体的制备方法	福建省微生物研究所	黄杨威、郑治尧、林燕琴、陈　忠、赵学清、王　娟	2019 年 06 月 21 日
289	CN105861395B	一种有效抑制水华铜绿微囊藻的复合菌剂 DH-1 及其应用	福建省微生物研究所	聂毅磊、陈　宏、贾　纬	2019 年 05 月 07 日
290	CN105969695B	一种浸矿复合菌 FIM-S1 及其在高品位硫化铜矿浸矿中的应用	福建省微生物研究所	聂毅磊、陈　宏、罗立津	2019 年 05 月 07 日
291	CN105176868A	一种高效净化猪场污水厌氧出水的复合菌剂及其制备方法和应用	福建省微生物研究所	聂毅磊、陈　宏、贾　纬、罗立津	2019 年 04 月 19 日
292	CN105836890B	自絮凝微小小球藻 HB-1 在净化养猪污水厌氧出水中的应用	福建省微生物研究所	聂毅磊、陈　宏、罗立津、贾　纬、陈星伟	2019 年 04 月 19 日
293	CN106866525B	用于合成（1R，2S）-贝达喹啉的手性诱导剂	福建省微生物研究所	赵学清、黄杨威、郑治尧、林燕琴、陈　忠	2019 年 04 月 19 日
294	CN106928195B	一种达比加群酯关键中间体的合成方法	福建省微生物研究所	郑治尧、赵学清、陈　忠、黄杨威、林燕琴	2019 年 04 月 19 日
295	CN105779348B	一种海洋小单孢菌发酵生产 Rakicidins 类化合物的方法	福建省微生物研究所	周　剑、林　风、江　红、连云阳、江宏磊、方东升、陈　丽、赵　薇	2019 年 04 月 05 日

序号	公开（公告）号	专利标题	申请人	发明人	授权公告日
296	CN108130284B	一种发酵产 Rakicidin A 的海洋小单孢菌株及其应用	福建省微生物研究所	周　剑、林　风、江　红、连云阳、江宏磊、陈　丽、赵　薇、方志锴	2019 年 03 月 05 日
297	CN105709205B	Rakicidins 类化合物用于抗临床致病厌氧菌的用途	福建省微生物研究所	林　风、江　红、连云阳、江宏磊、周　剑、赵　薇、陈　丽、方东升	2019 年 02 月 19 日
298	CN108300672B	一种发酵产 Rakicidin B1 的海洋小单孢菌株及其应用	福建省微生物研究所	周　剑、林　风、江　红、连云阳、江宏磊、陈　丽、赵　薇、方志锴	2019 年 02 月 15 日
299	CN106282069B	一种副球菌及在污水净化中的应用	福建省微生物研究所	聂毅磊、陈　宏、贾　纬、罗立津	2019 年 02 月 05 日
300	CN105753936B	一种 Rakicidins 类化合物 Rakicidin B1 及其制备方法	福建省微生物研究所	林　风、江　红、连云阳、王传喜、江宏磊、赵　薇、陈　丽、周　剑、方东升、陈晓明	2019 年 01 月 11 日
301	CN105381039B	一种治疗原发性骨质疏松症的中药组合物及其制备方法	福建省中医药研究院	葛继荣	2019 年 11 月 01 日
302	CN106519054B	一种促进胰岛细胞分泌胰岛素的太子参均一多糖及其用途	福建省中医药研究院（福建省青草药开发服务中心）	胡　娟、陈锦龙、庞文生、史文涛、杨　斌、栗　园	2019 年 08 月 13 日

附表 2　2019—2020 年福建省属公益类科研院所申请新品种情况

序号	品种编号	品种名称	作物种类	育种者	落款单位	年份
国家品种鉴定						
1	国审稻 20200523	闽双色 6 号	水稻	福建省农业科学院作物研究所	农业农村部国家农作物品种审定委员会	2020
2	国审稻 20200539	闽甜糯 816	水稻	福建省农业科学院作物研究所	农业农村部国家农作物品种审定委员会	2020
3	国审稻 20200184	荟丰优 3545	水稻	福建省农业科学院生物技术研究所、福建科荟种业股份有限公司	农业农村部国家农作物品种审定委员会	2020
4	热品审 2020006	香妃	枇杷	福建省农业科学院果树研究所、深圳市农业科技促进中心、重庆市合川区经济作物发展指导站	全国热带作物品种审定委员会	2020

（续表）

序号	品种编号	品种名称	作物种类	育种者	落款单位	年份
国家品种登记						
5	GPD 蚕豆（2020）350002	大朋一寸	蚕豆	福建省农业科学院作物研究所	中华人民共和国农业农村部	2020
6	GPD 豌豆（2020）350021	闽甜豌1号	豌豆	福建省农业科学院作物研究所	中华人民共和国农业农村部	2020
7	GPD 蚕豆（2020）350006	早生615	蚕豆	福建省农业科学院作物研究所	中华人民共和国农业农村部	2020
8	GPD 甘薯（2020）350029	福菜薯23	甘薯	福建省农业科学院作物研究所	中华人民共和国农业农村部	2020
9	GPD 甘薯（2020）350070	福薯34	甘薯	福建省农业科学院作物研究所	中华人民共和国农业农村部	2020
10	GPD 甘薯（2020）350068	福薯90	甘薯	福建省农业科学院作物研究所、福建省农业科学院农业质量标准与检测技术研究所	中华人民共和国农业农村部	2020
11	GPD 马铃薯（2020）350093	闽彩薯1号	马铃薯	福建省农业科学院作物研究所	中华人民共和国农业农村部	2020
12	GPD 马铃薯（2020）350094	闽彩薯2号	马铃薯	福建省农业科学院作物研究所	中华人民共和国农业农村部	2020
13	GPD 马铃薯（2020）350095	闽彩薯3号	马铃薯	福建省农业科学院作物研究所	中华人民共和国农业农村部	2020
14	GPD 马铃薯（2020）350096	闽彩薯4号	马铃薯	福建省农业科学院作物研究所	中华人民共和国农业农村部	2020
15	GPD 甘薯（2020）350037	福薯317	甘薯	福建省农业科学院作物研究所	中华人民共和国农业农村部	2020
16	GPD 番茄（2020）350389	闽农科1号	番茄	福建省农业科学院作物研究所（温庆放、张前荣、马慧斐、刘建汀、李永平、薛珠政、王彬）	中华人民共和国农业农村部	2020
17	GPD 番茄（2020）350390	闽农科2号	番茄	福建省农业科学院作物研究所（张前荣、林珲、朱海生、李大忠、叶新如、马慧斐、温庆放）	中华人民共和国农业农村部	2020
18	GPD 黄瓜（2020）350025	陆虎	黄瓜	福建省热带作物科学研究所、郑涛、杨俊杰、蔡坤秀、陈振东	中华人民共和国农业农村部	2020
19	600	闽南狗爪豆	豆类	福建省农业科学院农业生态研究所	全国草品种审定委员会	2020

（续表）

序号	品种编号	品种名称	作物种类	育种者	落款单位	年份
20	GPD 甘蔗（2019）350007	闽糖061405	甘蔗	福建省农业科学院亚热带农业研究所，张树河，潘世明，李瑞美，李海明，李和平，吴水金	中华人民共和国农业农村部	2019
21	GPD 马铃薯（2019）350027	闽薯3号	马铃薯	福建省农业科学院作物研究所	中华人民共和国农业农村部	2019
22	569	闽牧6号杂交狼尾草	牧草	福建省农业科学院农业生态研究所	全国草品种审定委员会	2019
省级品种审定						
23	闽审稻20200029	恒丰优6107	水稻	福建省农业科学院水稻研究所、广东粤良种业有限公司	福建省农作物品种审定委员会	2020
24	闽审稻20200054	野香优744	水稻	福建省农业科学院水稻研究所、广西绿海种业有限公司、福建禾丰种业股份有限公司	福建省农作物品种审定委员会	2020
25	闽审稻20200067	紫两优737	水稻	福建省农业科学院水稻研究所	福建省农作物品种审定委员会	2020
26	闽审稻20200005	律优308	水稻	福建省农业科学院水稻研究所、广东省农业科学院水稻研究所	福建省农作物品种审定委员会	2020
27	闽审稻20200009	潢优粤禾丝苗	水稻	福建省农业科学院水稻研究所、广东省农业科学院水稻研究所、四川台沃种业有限责任公司	福建省农作物品种审定委员会	2020
28	闽审稻20200063	潢优808	水稻	福建省农业科学院水稻研究所	福建省农作物品种审定委员会	2020
29	闽审稻20200071	清达A	水稻	福建省农业科学院水稻研究所	福建省农作物品种审定委员会	2020
30	闽审稻20200034	恒丰优212	水稻	福建省农业科学院水稻研究所、广东粤良种业有限公司	福建省农作物品种审定委员会	2020
31	闽审稻20200068	紫两优212	水稻	福建省农业科学院水稻研究所	福建省农作物品种审定委员会	2020
32	闽审稻20200088	虬S	水稻	福建省农业科学院水稻研究所	福建省农作物品种审定委员会	2020
33	闽审稻20200090	榕S	水稻	福建省农业科学院水稻研究所	福建省农作物品种审定委员会	2020
34	闽审稻20200053	福玖优2165	水稻	福建省农业科学院水稻研究所	福建省农作物品种审定委员会	2020

（续表）

序号	品种编号	品种名称	作物种类	育种者	落款单位	年份
35	闽审稻 20200050	元两优 6503	水稻	福建省农业科学院水稻研究所、福建禾丰种业股份有限公司	福建省农作物品种审定委员会	2020
36	闽审稻 20200089	榕夏 S	水稻	福建省农业科学院水稻研究所	福建省农作物品种审定委员会	2020
37	闽审稻 20200077	福玖 A	水稻	福建省农业科学院水稻研究所	福建省农作物品种审定委员会	2020
38	闽审稻 20200073	启源 A	水稻	福建省农业科学院水稻研究所	福建省农作物品种审定委员会	2020
39	闽审稻 20200025	创源 A	水稻	福建省农业科学院水稻研究所	福建省农作物品种审定委员会	2020
40	闽审稻 20200035	启优 2165	水稻	福建省农业科学院水稻研究所、福建省福瑞华安种业科技有限公司	福建省农作物品种审定委员会	2020
41	闽审稻 20200002	恒丰优 371	水稻	福建省农业科学院水稻研究所、广东粤良种业有限公司	福建省农作物品种审定委员会	2020
42	闽审稻 20200060	野香优 967	水稻	福建省农业科学院水稻研究所、广西绿海种业有限公司	福建省农作物品种审定委员会	2020
43	闽审稻 20200006	五丰优 450	水稻	福建省农业科学院水稻研究所	福建省农作物品种审定委员会	2020
44	闽审稻 20200049	福昌优 661	水稻	福建省农业科学院水稻研究所	福建省农作物品种审定委员会	2020
45	闽审稻 20200048	旗 5 优 661	水稻	福建省农业科学院水稻研究所	福建省农作物品种审定委员会	2020
46	闽审稻 20200074	福泰 1A	水稻	福建省农业科学院水稻研究所	福建省农作物品种审定委员会	2020
47	闽审稻 20200075	旗 5A	水稻	福建省农业科学院水稻研究所	福建省农作物品种审定委员会	2020
48	闽审稻 20200003	赣优 7319	水稻	福建省农业科学院水稻研究所、江西省农业科学院水稻研究所	福建省农作物品种审定委员会	2020
49	闽审稻 20200011	福香占	水稻	福建省农业科学院水稻研究所	福建省农作物品种审定委员会	2020
50	闽审稻 20200047	福占 1 号	水稻	福建省农业科学院水稻研究所	福建省农作物品种审定委员会	2020
51	闽审稻 20200014	谷优 693	水稻	福建省农业科学院水稻研究所、福建兴禾种业科技有限公司	福建省农作物品种审定委员会	2020

（续表）

序号	品种编号	品种名称	作物种类	育种者	落款单位	年份
52	闽审稻 20200062	恒丰优 712	水稻	福建省农业科学院水稻研究所、广东粤良种业有限公司	福建省农作物品种审定委员会	2020
53	闽审稻 20200086	1678S	水稻	福建省农业科学院生物技术研究所	福建省农作物品种审定委员会	2020
54	闽审稻 20200082	秾谷 A	水稻	福建省农业科学院生物技术研究所、福建科荟种业股份有限公司	福建省农作物品种审定委员会	2020
55	闽审玉 20200001	闽甜 736	玉米	福建省农业科学院作物研究所、福建省农业科学院生物技术研究所	福建省农作物品种审定委员会	2020
56	闽审玉 20200001	闽甜 736	玉米	福建省农业科学院作物研究所、福建省农业科学院生物技术研究所	福建省农作物品种审定委员会	2020
57	闽审豆 20200002	闽豆 9 号	大豆	福建省农业科学院作物研究所	福建省农作物品种审定委员会	2020
58	闽审稻 20190017	荟丰优 3545	水稻	福建省农业科学院生物技术研究所、科荟种业股份有限公司	福建省农作物品种审定委员会	2019
59	闽审稻 20190023	安丰优 3510	水稻	福建省农业科学院生物技术研究所、广东省农业科学院水稻研究所	福建省农作物品种审定委员会	2019
60	闽审稻 20190044	闽 1303S	水稻	福建省农业科学院生物技术研究所、科荟种业股份有限公司	福建省农作物品种审定委员会	2019
61	闽审玉 20190006	闽花甜糯 136	玉米	福建省农业科学院作物研究所	福建省农作物品种审定委员会	2019
62	闽审玉 20190001	闽双色 5 号	玉米	福建省农业科学院作物研究所	福建省农作物品种审定委员会	2019
63	琼审稻 2019016	旗 1 优 387	水稻	福建省农业科学院水稻研究所、厦门大学生命科学学院、海南成丰种业有限公司	海南省农作物品种审定委员会	2020
64	琼审稻 2019014	博 II 优 2386	水稻	福建省农业科学院水稻研究所、福建师范大学、海南海亚南繁种业有限公司	海南省农作物品种审定委员会	2020
65	滇审稻 2020018 号	长泰优 7011	水稻	福建省农业科学院水稻研究所、广东省农业科学院水稻研究所、云南省农业科学粮食作物研究所	云南省农作物品种审定委员会	2020

（续表）

序号	品种编号	品种名称	作物种类	育种者	落款单位	年份
66	闽 S-SF-CL-001-2020	闽杉 13 号	杉木	福建省林业科学研究院	福建省林业局	2020
67	闽 S-SF-CL-002-2020	闽杉 14 号	杉木	福建省林业科学研究院	福建省林业局	2020
68	闽 S-SF-CL-003-2020	闽杉 15 号	杉木	福建省林业科学研究院	福建省林业局	2020
69	闽 S-SF-CL-004-2020	闽杉 16 号	杉木	福建省林业科学研究院	福建省林业局	2020
70	闽 S-SF-CL-005-2020	闽杉 17 号	杉木	福建省林业科学研究院	福建省林业局	2020
71	闽 S-SF-CL-006-2020	闽杉 18 号	杉木	福建省林业科学研究院	福建省林业局	2020
72	闽 S-SF-CL-007-2020	闽杉 19 号	杉木	福建省林业科学研究院	福建省林业局	2020
73	闽 S-SF-CL-008-2020	闽杉 20 号	杉木	福建省林业科学研究院	福建省林业局	2020
74	闽 S-SF-CL-009-2020	闽杉 21 号	杉木	福建省林业科学研究院	福建省林业局	2020
75	闽 S-SF-CL-013-2020	闽杉 25 号	杉木	福建省林业科学研究院	福建省林业局	2020
76	闽 S-SF-CL-014-2020	闽杉 26 号	杉木	福建省林业科学研究院	福建省林业局	2020
77	闽 S-SF-CL-015-2020	闽杉 27 号	杉木	福建省林业科学研究院	福建省林业局	2020
78	闽 S-SF-CL-016-2020	闽杉 28 号	杉木	福建省林业科学研究院	福建省林业局	2020
79	闽 S-SF-CL-017-2020	闽杉 29 号	杉木	福建省林业科学研究院	福建省林业局	2020
80	闽 S-SF-CL-018-2020	闽杉 30 号	杉木	福建省林业科学研究院	福建省林业局	2020
81	闽 S-SF-CL-019-2020	闽杉 31 号	杉木	福建省林业科学研究院	福建省林业局	2020
82	闽 S-SF-CL-022-2020	闽杉 34 号	杉木	福建省林业科学研究院	福建省林业局	2020
83	闽 S-SF-CL-023-2020	闽杉 35 号	杉木	福建省林业科学研究院	福建省林业局	2020
84	闽 S-SF-CL-024-2020	闽杉 36 号	杉木	福建省林业科学研究院	福建省林业局	2020
85	闽 S-SF-CL-025-2020	闽杉 37 号	杉木	福建省林业科学研究院	福建省林业局	2020
86	闽 S-SF-CL-026-2020	闽杉 38 号	杉木	福建省林业科学研究院	福建省林业局	2020
87	闽 S-SF-CL-027-2020	闽杉 39 号	杉木	福建省林业科学研究院	福建省林业局	2020
88	闽 S-SF-CL-028-2020	闽杉 40 号	杉木	福建省林业科学研究院	福建省林业局	2020
89	闽 S-SF-CL-029-2020	闽杉 41 号	杉木	福建省林业科学研究院	福建省林业局	2020
90	闽 S-SF-CL-030-2020	闽杉 42 号	杉木	福建省林业科学研究院	福建省林业局	2020
91	闽 S-SF-CL-031-2020	闽杉 44 号	杉木	福建省林业科学研究院	福建省林业局	2020
92	闽 S-SF-CH-032-2020	红锥家系 A309	红锥	福建省林业科学研究院	福建省林业局	2020

（续表）

序号	品种编号	品种名称	作物种类	育种者	落款单位	年份
93	闽 S-SF-CH-033-2020	红锥家系 GW36	红锥	福建省林业科学研究院	福建省林业局	2020
94	闽 S-SF-CH-034-2020	红锥家系 HC23	红锥	福建省林业科学研究院	福建省林业局	2020
95	闽 S-SF-CH-035-2020	福建安溪红锥种源种子	红锥	福建省林业科学研究院	福建省林业局	2020
96	闽 S-SF-CH-036-2020	福建华安红锥种源种子	红锥	福建省林业科学研究院	福建省林业局	2020
97	闽 S-SC-CE-037-2020	短枝木麻黄湛 3	木麻黄	福建省林业科学研究院	福建省林业局	2020
98	闽 S-SC-CE-038-2020	短枝木麻黄惠 83	木麻黄	福建省林业科学研究院	福建省林业局	2020
99	闽 S-SC-CE-039-2020	短枝木麻黄广 A8-2	木麻黄	福建省林业科学研究院	福建省林业局	2020
100	闽 S-SC-CO-040-2020	闽油 1	油茶	福建省林业科学研究院	福建省林业局	2020
101	闽 S-SC-CO-041-2020	闽油 2	油茶	福建省林业科学研究院	福建省林业局	2020
102	闽 S-SC-CO-042-2020	闽油 3	油茶	福建省林业科学研究院	福建省林业局	2020
103	闽 S-SC-TG-043-2020	细榧 1 号	榧树	福建省林业科学研究院	福建省林业局	2020
104	闽 S-SC-TG-044-2020	细榧 2 号	榧树	福建省林业科学研究院	福建省林业局	2020
105	闽 S-SC-TG-045-2020	细榧 4 号	榧树	福建省林业科学研究院	福建省林业局	2020
省级品种鉴定						
106	皖品鉴登字第 1906042	闽秋葵 6 号	秋葵	福建省农业科学院亚热带农业研究所	安徽省非主要农作物品种鉴定登记委员会	2020
107	皖品鉴登字第 1906041	闽秋葵 5 号	秋葵	福建省农业科学院亚热带农业研究所	安徽省非主要农作物品种鉴定登记委员会	2020
108	皖品鉴登字第 1907004	闽玫瑰茄 2 号	秋葵	福建省农业科学院亚热带农业研究所	安徽省非主要农作物品种鉴定登记委员会	2020
109	皖品鉴登字第 1907003	闽玫瑰茄 1 号	秋葵	福建省农业科学院亚热带农业研究所	安徽省非主要农作物品种鉴定登记委员会	2020
110	皖品鉴登字第 1909022	闽红优 1 号	红麻	福建省农业科学院亚热带农业研究所	安徽省非主要农作物品种鉴定登记委员会	2020
111	皖品鉴登字第 1803016	如玉 146	苦瓜	福建省农业科学院农业生物资源研究所	安徽省非主要农作物品种鉴定登记委员会	2019
112	皖品鉴登字第 1803015	如玉 118	苦瓜	福建省农业科学院亚热带农业研究所	安徽省非主要农作物品种鉴定登记委员会	2019
113	闽鉴菌 2019006	福蘑 48	双孢蘑菇	福建省农业科学院食用菌研究所、福建金明食品有限公司	福建省种子管理总站	2019

（续表）

序号	品种编号	品种名称	作物种类	育种者	落款单位	年份
114	闽鉴菌2019007	福蘑52	双孢蘑菇	福建省农业科学院食用菌研究所、福建金明食品有限公司	福建省种子管理总站	2019
115	闽鉴菌2019005	福蘑58	双孢蘑菇	福建省农业科学院食用菌研究所、福建金明食品有限公司	福建省种子管理总站	2019
116	闽鉴菜2019001	福茄8号	茄子	福建省农业科学院作物研究所、福州市蔬菜科学研究所	福建省种子管理总站	2019

附表3 2019—2020年福建省属公益类科研院所制定标准情况

序号	标准级别	标准号	标准名称	起草单位	起草人	发布日期
1	国家标准	—	番鸭细小病毒病、小鹅瘟二联活疫苗（P1株+D株）质量标准	福建省农业科学院畜牧兽医研究所、青岛易邦生物工程有限公司、山东德利诺生物工程有限公司、河南祺祥生物科技有限公司	陈飞莺	2020年01月22日
2	行业标准	NY/T 3810—2020	热带作物种质资源描述规范 莲雾	福建省农业科学院果树研究所	章希娟、许家辉、魏秀清、许玲、陈志峰、余东	2020年11月12日
3	行业标准	NY/T 2667.16—2020	热带作物品种审定规范 第16部分：橄榄	福建省农业科学院果树研究所、中国热带农业科学院南亚热带作物研究所	吴如健、万继峰、赖瑞联、陈瑾、韦晓霞	2020年11月12日
4	行业标准	NY/T 2668.16—2020	热带作物品种试验技术规程 第16部分：橄榄	福建省农业科学院果树研究所、中国热带农业科学院南亚热带作物研究所	吴如健、万继峰、赖瑞联、陈瑾、韦晓霞	2020年11月12日
5	地方标准	DB35/T 1949—2020	企业标准评价过程准则	福建省标准化研究院	陈丽辉、侯康平、文芳、陈菁、柯毅、许宁、卢江海、蔡淑宽、徐航	2020年12月30日
6	地方标准	DB35/T 1956—2020	基本公共服务标准体系 总体框架	福建省标准化研究院、福建省标院信息技术有限公司、南平市顺昌县司法局	梁静、林美如、王海瀛、王彬彬、程晓明、程军、林孟朝、陈光华、董婷婷、李雅萍、陈思恋	2020年12月30日

序号	标准级别	标准号	标准名称	起草单位	起草人	发布日期
7	地方标准	DB35/T 1931—2020	杉木高世代种子园营建技术规程	福建省林业科学研究院、福建省将乐国有林场、福建省洋口国有林场、福建省光泽华桥国有林场、福建省沙县官庄国有林场、福建省上杭白砂国有林场	郑仁华、方禄明、苏顺德、游云飞、林建椿、谢汝根、邹秉章、肖　晖、吴　炜、叶代全、张子文、江晓丽、陈义堂、黄昌春、张建金、林华忠、邱大术、林能庆、孟庆银、黄金华	2020 年 09 月 29 日
8	地方标准	DB35/T 1930—2020	桉树混交林培育技术规程	福建省林业科学研究院、福建省漳州市林业局、南京林业大学	陈国彪、李宝福、汤建福、吴培衍、俞元春、朱　炜、方扬辉、何德镇、王炳南、陈清根、方碧江、许　冰、周建清、卢敏勇、张荣标、林祖荣、张文元、吴艺东	2020 年 09 月 29 日
9	地方标准	DB35/T 1929—2020	鸭瘟抗体间接 ELISA 试剂盒检测技术规范	福建省农业科学院畜牧兽医研究所、福建省动物疫病预防控制中心、福州市动物疫病预防控制中心	陈　珍、傅光华、刘道泉、刘荣昌、黄　瑜、史　惠、吴波平、陈翠腾、陈冬群、陈秀刚、施少华、朱春华、刘斌琼、蔡国漳	2020 年 09 月 29 日
10	地方标准	DB35/T 1926—2020	辣木栽培技术规程	福建省农业科学院果树研究所	韦晓霞、叶新福、王小安、肖　靖、周丹蓉、高敏霞、黄国成、林宗铿、黄梅兰	2020 年 09 月 29 日
11	地方标准	DB35/T 1927—2020	猕猴桃无病毒苗木繁育技术规程	福建省农业科学院果树研究所、柘荣县迦百农种植专业合作社	陈义挺、冯　新、赖瑞联、高敏霞、陈文光、陈　婷、吴如健、林凤岚	2020 年 09 月 29 日
12	地方标准	DB35/T 1928—2020	茄子抗枯萎病鉴定技术规范	福建省农业科学院作物研究所、福建省标准化研究院、福建省标院信息技术有限公司、福州市蔬菜科学研究所	林　珲、温庆放、王彬彬、薛珠政、李大忠、李永平、马慧斐、裘波音、陈继兵、黄建都	2020 年 09 月 29 日
13	地方标准	DB35/T 1917—2020	薏苡栽培技术规程	福建省农业科学院农业生态研究所、福建省浦城县农业科学研究所、福建省农业科学院植物保护研究所、福建农林大学农学院	应朝阳、邓素芳、李振武、李春燕、林忠宁、黄金星、陈　恩、谢世勇、陆　烝、季彪俊	2020 年 08 月 24 日

（续表）

序号	标准级别	标准号	标准名称	起草单位	起草人	发布日期
14	地方标准	DB35/T 1515—2020	病死畜禽处理设备通用技术条件	福建省农业机械化研究所、漳州市天洋机械有限公司、福建省农机质量监督检验站	陈金瑞、谢舒华、雷建强、翁祖强、郑珍、张火亮、陈幼湘、魏恒	2020年06月29日
15	地方标准	DB35/T 1911—2020	水稻品种稻瘟病（苗瘟）抗性室内鉴定技术规范	福建省农业科学院植物保护研究所	石妞妞、杜宜新、阮宏椿、陈福如、杨秀娟、甘林、代玉立	2020年06月29日
16	地方标准	DB35/T 1898—2020	山地有机茶园"茶-草-菌"生产技术规范	福建省农业科学院农业生态研究所、福建省农业科学院土壤肥料研究所、安溪县桃源有机茶场有限公司、福建省天醇茶业有限公司、武夷山市钦品茶叶有限公司、安溪县农业农村局	韩海东、王俊宏、李振武、黄毅斌、黄小云、黄秀声、林永生、苏火贵、汪健仁、张国雄、余泽钦	2020年03月30日
17	地方标准	DB35/T 1888—2020	绣球菌菌种生产技术规程	福建省农业科学院食用菌研究所、福建天益菌业有限公司、福建容益菌业科技研发有限公司、福清市火麒麟食用菌技术开发有限公司	林衍铨、马璐、应正河、肖冬来、张迪、杨驰、江晓凌、林智、吴先孟、王国强	2020年02月20日
18	地方标准	DB35/T 1889—2020	海马齿茎段移植技术规范	福建省水产研究所	罗冬莲、郑惠东、杨芳、李卫林、温凭、郑盛华、许贻斌、许翠娅、林永青	2020年02月20日
19	地方标准	DB35/T 1891—2020	菊黄东方鲀海水养殖技术规范	福建省水产研究所、福建省鸿鲀水产养殖有限公司、云霄县权平水产养殖专业合作社、漳浦县海上田园水产专业合作社、漳浦县佛昙镇河豚鱼协会、漳浦县水产技术推广站	方民杰、吴建绍、钟建兴、苏国强、李雷斌、刘波、温凭、戴添华、陈权平、戴伟鹏、戴云峰、许智海	2020年02月20日
20	地方标准	DB35/T 1880—2019	地方标准立项审查工作规范	福建省标准化研究院、泉州市标准化研究院	陈丽辉、文芳、柯毅、陈菁、侯康平、陈光华、朱琳、林清山、徐航、卢江海、许宁、蔡淑宽	2019年12月19日
21	地方标准	DB35/T 1871—2019	多花黑麦草栽培技术规范	福建省农业科学院畜牧兽医研究所、福建省标准化研究院、福建省畜牧总站、清流县畜牧兽医水产局、宁化县群益现代农业有限公司	李文杨、刘远、王彬彬、陈华、沈华伟、高承芳、吴贤锋、张晓佩、李桂贤、林家传、巫扬永	2019年12月19日

（续表）

序号	标准级别	标准号	标准名称	起草单位	起草人	发布日期
22	地方标准	DB35/T 1872—2019	鸭3型腺病毒病诊断技术	福建省农业科学院畜牧兽医研究所、福建省动物疫病预防控制中心	万春和、黄　瑜、傅光华、李中华、程龙飞、刘荣昌、施少华、陈翠腾、陈红梅、傅秋玲、陈　珍、朱春华	2019年12月19日
23	地方标准	DB35/T 1870—2019	晚熟龙眼生产技术规范	福建省农业科学院果树研究所	魏秀清、许家辉、许　玲、章希娟、余　东、陈志峰、袁　韬、姜　帆、缪友文	2019年12月19日
24	地方标准	DB35/T 1879—2019	双斑东方鲀海水养殖技术规范	福建省水产研究所、福建省鸿鲀水产养殖有限公司、云霄县权平水产养殖专业合作社、漳浦县海上田园水产专业合作社、漳浦县佛昙镇河豚鱼协会、漳浦县水产技术推广站	方民杰、吴建绍、钟建兴、苏国强、李雷斌、刘　波、温　凭、戴添华、陈权平、戴伟鹏、戴云峰、许智海	2019年12月19日
25	地方标准	DB35/T 1869—2019	农村生活污水处理设施水污染物排放标准	福建省环境科学研究院	陈益明、张　健、刘文贵、冯昭华、吴锡峰、郭建沈、叶　勇、黄会荣、王　静、黄颖慧、郭　桑、胡绿漪、陈　强、庄景宏、钟启俊、代焕芳、涂德贵、孙亚芹、李富果、彭陈乐	2019年11月12日
26	地方标准	DB35/T 1861—2019	食品质量安全追溯码编码技术规范 自然人	福建省标准化研究院、福建省食品药品监督管理局信息中心、厦门市标准化研究院、福建省农业农村厅、福建省海洋与渔业局、福建省粮食和物资储备局	周顺骥、吴　宏、王向民、张玉英、林　旭、夏文岩、徐文锦、丘西敏、林兆宇、林倩如、吴鑫鑫、易　啸	2019年09月11日
27	地方标准	DB35/T 1328—2019	非金属低压电能计量箱通用技术要求	福建省计量科学研究院、福建省产品质量检验研究院、福建省电力有限公司电力科学研究院、福建南平闽延电气设备有限公司、国网福建省电力有限公司、福州供电公司、福建大和电气有限公司、福建和盛塑业有限公司、漳州科能电力设备有限公司	沈明炎、郑立新、郭志伟、乐开诚、曹　舒、邵　强、周建圣、陈秀俊、许惠锋	2019年09月11日

（续表）

序号	标准级别	标准号	标准名称	起草单位	起草人	发布日期
28	地方标准	DB35/T 1865—2019	半番鸭人工授精技术规范	福建省农业科学院畜牧兽医研究所、福建省畜牧总站、南靖品原养殖有限公司、龙岩市红龙禽业有限公司	郑嫩珠、缪中纬、寇涛、辛清武、朱志明、林丽娟、李丽、章琳俐、林如龙、林顺东、叶洪、陈红萍、陈铖、林斌	2019 年 09 月 11 日
29	地方标准	DB35/T 1859—2019	文心兰栽培技术规程	福建省农业科学院作物研究所	罗远华、黄敏玲、钟淮钦、林兵、樊荣辉、吴建设、叶秀仙、林榕燕、方能炎	2019 年 09 月 11 日
30	地方标准	DB35/T 1867—2019	大粒青蚕豆人工春化及栽培技术规程	福建省农业科学院作物研究所	郑开斌、李爱萍、徐晓俞、滕振勇、林碧英、陈象新、吴凌云、吴思逢、李程勋、郑海梅、黄旭旻	2019 年 09 月 11 日
31	地方标准	DB35/T 1847—2019	南方杜仲叶用林培育技术规程	福建省林业科学研究院、福建省林业局种苗站、福建省林业局世行办、福建闽山水生物科技有限公司、福建省闽侯桐口国有林场、宁德市霞浦林业局、福建省国有来舟林业试验场、福建省罗源国有林场、建瓯市速生丰产林基地办公室、福建省南平市山水园林艺术有限公司、宁德市福瑞泰生物科技有限公司	郑建灿、张文元、薛行忠、丁珌、叶锋、陈必勇、连书钗、兰明忠、薛从建、何瑞、潘美玲、何邦剑	2019 年 06 月 14 日
32	地方标准	DB35/T 1845—2019	菊黄东方鲀种质标准	福建省水产研究所、漳浦县佛昙镇河豚鱼协会	刘波、钟建兴、苏国强、刘智禹、方民杰、李雷斌、李正良、郑雅友、戴云峰	2019 年 06 月 14 日
33	地方标准	DB35/T 1832—2019	工业企业能耗在线监测数据质量评价技术规范	福建省计量科学研究院、福建省节能监察（监测）中心	吴孟辉、方仁桂、陆青、姚进辉、陈为晶、江勇翔、林荣捷、林延捷	2019 年 04 月 18 日
34	地方标准	DB35/T 1822—2019	水禽圆环病毒感染PCR 鉴别诊断技术	福建省农业科学院畜牧兽医研究所、福州海关技术中心、江西省萍乡市科学技术情报研究所、宁德海关检验检疫技术中心	傅光华、施少华、黄勇、彭春香、傅秋玲、黄瑜、白泉阳、叶洪、万春和、程龙飞、陈红梅、刘荣昌、陈珍、陈翠腾、朱春华、吴波平、庄晓东	2019 年 04 月 18 日

序号	标准级别	标准号	标准名称	起草单位	起草人	发布日期
35	地方标准	DB35/T 1836—2019	耕地地力提升与保持技术规范	福建省农业科学院土壤肥料研究所、福建省农田建设与土壤肥料技术总站	王　飞、李清华、黄功标、何春梅、黄毅斌、王利民、林　琼、张　辉、张世昌、刘彩玲、林　诚、张　华、黄建诚	2019 年 04 月 18 日
36	地方标准	DB35/T 1835—2019	双斑东方鲀种质标准	福建省水产研究所、漳浦县佛昙镇河豚鱼协会	刘　波、钟建兴、苏国强、刘智禹、方民杰、李雷斌、李正良、郑雅友、戴云峰	2019 年 04 月 18 日

注：根据国家兽药典委员会拟定的、国务院兽医行政管理部门发布的《中华人民共和国兽药典》和国务院兽医行政管理部门发布的其他兽药质量标准为兽药国家标准，由福建省农业科学院畜牧兽医研究所承担的"番鸭细小病毒病、小鹅瘟二联活疫苗（P1 株+D 株）"新兽药一类证书为国家标准。

附表 4　2019—2020 年福建省属公益类科研院所出版论著情况

序号	论著名称	作者	出版社	单位名称	年份
1	音视频解说常见鸭鹅病诊断与防治技术	傅光华、江　斌、程龙飞/主编	化学工业出版社	福建省农业科学院畜牧兽医研究所	2020
2	福建省养殖污染物处理模式	李兆龙/主编；钟诊梅/副主编	福建科学技术出版社	福建省农业科学院畜牧兽医研究所	2020
3	龙眼枇杷良种化 2020 纪实	郑少泉、邓朝军等/著	中国农业出版社	福建省农业科学院果树研究所	2020
4	辣木栽培技术	王小安、叶新福等/编著	中国大地出版社	福建省农业科学院果树研究所	2020
5	南方山地休闲果园规划与建设	刘荣章、王小安、林旗华、张泽煌/编著	海峡出版发行集团/福建科学技术出版社	福建省农业科学院果树研究所	2020
6	乡村景观评价及规划	林方喜/著	中国农业科学技术出版社	福建省农业科学院农业工程技术研究所	2020
7	台湾农业产业融合与生产效率	周　琼/著	中国农业出版社	福建省农业科学院农业经济与科技信息研究所	2020
8	福建省公益类科研院所发展报告（2018）	徐慎娴/编著	中国农业科学技术出版社	福建省农业科学院农业经济与科技信息研究所	2020
9	福建省公益类科研院所发展报告（2019）	池敏青/编著	中国农业科学技术出版社	福建省农业科学院农业经济与科技信息研究所	2020

（续表）

序号	论著名称	作者	出版社	单位名称	年份
10	红壤侵蚀区水土保持-循环农业耦合技术模式与应用	罗旭辉、刘朋虎、高承芳、任丽花、翁伯琦等/著	海峡出版发行集团/福建科学技术出版社	福建省农业科学院农业生态研究所	2020
11	山区生态循环农业与乡村扶贫联动发展探索——以福建省宁德市乡村发展现代生态循环农业为例	陈华、刘朋虎、罗旭辉、林怡、詹杰、翁敏劼、王义祥、翁伯琦等/著	中国农业科学技术出版社	福建省农业科学院农业生态研究所	2020
12	有机茶园茶-草-菌套种技术	韩海东、黄毅斌、黄秀声/主编	中国农业出版社	福建省农业科学院农业生态研究所	2020
13	红壤山地生态果园建设与管理技术	徐国忠/主编	中国农业出版社	福建省农业科学院农业生态研究所	2020
14	稻萍鱼生态种养技术	应朝阳/主编	中国农业出版社	福建省农业科学院农业生态研究所	2020
15	稻萍鸭生态种养技术	徐国忠/主编	中国农业出版社	福建省农业科学院农业生态研究所	2020
16	南方药用植物病虫害防治（下册）	陈菁瑛、陈景耀等/编著	中国农业出版社	福建省农业科学院农业生物资源研究所	2020
17	闽台药用植物图志（壹）	陈菁瑛、黄世勋、林余霖/编著	海峡出版发行集团/福建科学技术出版社	福建省农业科学院农业生物资源研究所	2020
18	闽台药用植物图志（贰）	陈菁瑛、黄世勋、林余霖/编著	海峡出版发行集团/福建科学技术出版社	福建省农业科学院农业生物资源研究所	2020
19	闽台药用植物图志（叁）	陈菁瑛、黄世勋、林余霖/编著	海峡出版发行集团/福建科学技术出版社	福建省农业科学院农业生物资源研究所	2020
20	福建省农作物种质资源普查、收集与利用报告	余文权/主编	中国农业出版社	福建省农业科学院农业生物资源研究所	2020
21	现代仪器分析在农产品质量安全中的应用	黄彪/主编	中国农业科学技术出版社	福建省农业科学院农业质量标准与检测技术研究所	2020
22	爱上迷迭香：迷迭香栽培与实用手册	李珊珊/著	中国农业出版社	福建省农业科学院亚热带农业研究所	2020
23	紫背天葵栽培及利用	张少平、邱珊莲/编著	中国农业科学技术出版社	福建省农业科学院亚热带农业研究所	2020
24	柑橘病虫害速诊快治	陈福如等/编著	海峡出版发行集团/福建科学技术出版社	福建省农业科学院植物保护研究所	2020

（续表）

序号	论著名称	作者	出版社	单位名称	年份
25	阳台有机蔬菜四季种	薛珠政、张双照、陈永快、胡润芳、李关发、李永平/著	海峡出版发行集团/福建科学技术出版社	福建省农业科学院作物研究所	2020
26	失眠的调与养	黄俊山/编著	海峡出版发行集团/福建科学技术出版社	福建省中医药研究院	2020
27	经络、太极石与人体健康	许金森、林荣银、郑淑霞/主编	海峡出版发行集团/福建科学技术出版社	福建省中医药研究院	2020
28	环渤海典型近岸海区沉积环境研究	孙志高、衣华鹏、卢晓宁、王传远等/著	科学出版社	福建师范大学地理研究所	2020
29	尤溪联合梯田	张永勋、闵庆文、王维奇/主编	中国农业出版社/农村读物出版社	福建师范大学地理研究所	2020
30	医用化学	李东辉、马俊凯/主编	化学工业出版社	厦门大学抗癌研究中心	2020
31	生物化学与分子生物学实验	郑红花、苏振宏/主编	华中科技大学出版社	厦门大学抗癌研究中心	2020
32	医学分子生物学实验	陈小芬/主编	厦门大学出版社	厦门大学抗癌研究中心	2020
33	福建名茶冲泡与品鉴	福建省标准化研究院，海峡两岸茶叶交流协会/编著	海峡出版发行集团/福建科学技术出版社	福建省标准化研究院	2019
34	猪常见速诊快治	江斌、吴胜会、林琳、张世忠/编著	海峡出版发行集团/福建科学技术出版社	福建省农业科学院畜牧兽医研究所	2019
35	猪病诊治图鉴	江斌、吴胜会、林琳、张世忠/编著	海峡出版发行集团/福建科学技术出版社	福建省农业科学院畜牧兽医研究所	2019
36	南方肉羊经济养殖配套技术	刘远等/编著	中国农业出版社/农村读物出版社	福建省农业科学院畜牧兽医研究所	2019
37	杨桃优良品种与高效栽培技术	张泽煌、任惠、张玮玲等/编著	中国农业科学技术出版社	福建省农业科学院果树研究所	2019
38	杨梅优良品种与高效栽培技术	张泽煌/编著	中国农业科学技术出版社	福建省农业科学院果树研究所	2019
39	火龙果优良品种与高效栽培技术	刘友接等/编著	中国农业科学技术出版社	福建省农业科学院果树研究所	2019

（续表）

序号	论著名称	作者	出版社	单位名称	年份
40	福建省野生果树图志	韦晓霞、叶新福、余文权/编著	中国农业科学技术出版社	福建省农业科学院果树研究所	2019
41	福建地区桃产业技术	金光、郭瑞、廖汝玉、颜少宾、周平/编著	中国农业出版社	福建省农业科学院果树研究所	2019
42	番木瓜优良品种与高效栽培技术	熊月明等/编著	中国农业科学技术出版社	福建省农业科学院果树研究所	2019
43	规模化畜禽养殖废弃物处理技术	陈彪/著	海峡出版发行集团/福建科学技术出版社	福建省农业科学院农业工程技术研究所	2019
44	休闲农业模式特征与发展效率研究	林国华/著	中国农业科学技术出版社	福建省农业科学院农业经济与科技信息研究所	2019
45	福建省属公益类科研院所发展报告	许标文、傅代豪/编著	中国农业科学技术出版社	福建省农业科学院农业经济与科技信息研究所	2019
46	农业政策法规	曾玉荣/主编	国家开放大学出版社	福建省农业科学院农业经济与科技信息研究所	2019
47	异位发酵床微生物组多样性	刘波、陈倩倩、王阶平、张海峰等/著	化学工业出版社	福建省农业科学院农业生物资源研究所	2019
48	芽孢杆菌第四卷：芽孢杆菌脂肪酸组学	刘波、王阶平、刘国红、陈倩倩、张海峰、喻子牛等/著	科学出版社	福建省农业科学院农业生物资源研究所	2019
49	南方鲟鱼产业化健康养殖与关键技术	饶秋华、刘洋、罗土炎等/编著	中国农业科学技术出版社	福建省农业科学院农业质量标准与检测技术研究所	2019
50	红壤区典型农田面源污染源头控制技术	黄东风/著	中国农业出版社	福建省农业科学院土壤肥料研究所	2019
51	香茅资源及其利用	邱珊莲/编著	中国农业科学技术出版社	福建省农业科学院亚热带农业研究所	2019
52	菜用黄麻栽培及利用技术	练东梅、洪建基等/编著	中国农业出版社	福建省农业科学院亚热带农业研究所	2019
53	福建省中医院志	《福建省中医院志》编纂委员会/编	海峡出版发行集团/福建科学技术出版社	福建省中医药研究院	2019
54	中医杂症治验一得	福建省中医药研究院/编；汤万团、陈炬烽/主编	海峡出版发行集团/福建科学技术出版社	福建省中医药研究院	2019

（续表）

序号	论著名称	作者	出版社	单位名称	年份
55	阮克昌归庐医案录	福建省中医药研究院，福建省政协教科卫体委员会/编；王宫、阮有麟/主编	海峡出版发行集团/福建科学技术出版社	福建省中医药研究院	2019
56	福建道地药材	福建省中医药研究院/编；王宫、黄泽豪/主编	海峡出版发行集团/福建科学技术出版社	福建省中医药研究院	2019
57	二十四节气养生	福建省中医药研究院/编；周美兰、纪峰/主编	海峡出版发行集团/福建科学技术出版社	福建省中医药研究院	2019

附表5　2019—2020 年福建省属公益类科研院所获植物新品种权情况

序号	品种权号	品种名称	植物种类	品种权人	培育人	授权日
1	CNA20151734.0	茗铁 0319	茶叶	福建省农业科学院茶叶研究所	陈常颂、钟秋生、王秀萍、单睿阳、游小妹	2020 年 09 月 30 日
2	CNA20150215.0	韩冠茶	茶组	福建省农业科学院茶叶研究所	陈常颂、王秀萍、钟秋生、游小妹、单睿阳	2020 年 09 月 30 日
3	CNA20151732.2	0309B	茶叶	福建省农业科学院茶叶研究所	陈常颂、游小妹、陈志辉、钟秋生、林郑和	2020 年 09 月 30 日
4	CNA20150216.9	皇冠茶	茶组	福建省农业科学院茶叶研究所	陈常颂、林郑和、游小妹、钟秋生、王秀萍	2020 年 09 月 30 日
5	CNA20170586.9	闽甜系 688	玉米	福建省农业科学院作物研究所	卢和顶、陈山虎、廖长见、林建新、张扬	2020 年 12 月 31 日
6	CNA20171408.3	福薯 812	甘薯	福建省农业科学院作物研究所	纪荣昌、邱永祥、林赵森、李国良、张鸿、刘中华、许泳清、邱思鑫、李华伟、罗文彬、汤浩、林志坚	2020 年 12 月 31 日
7	CNA20173240.1	福薯 604	甘薯	福建省农业科学院作物研究所	邱思鑫、纪荣昌、邱永祥、刘中华、许泳清、汤浩、李华伟、罗文彬、张鸿、李国良、林赵森	2020 年 12 月 31 日
8	CNA20173603.2	福菜薯 22	甘薯	福建省农业科学院作物研究所	汤浩、李华伟、李国良、刘中华、张鸿、纪荣昌、邱永祥、许泳清、罗文彬、林赵森、邱思鑫	2020 年 12 月 31 日
9	CNA20173604.1	福薯 404	甘薯	福建省农业科学院作物研究所	许泳清、刘中华、张鸿、邱思鑫、纪荣昌、邱永祥、李华伟、罗文彬、李国良、汤浩、林赵森	2020 年 12 月 31 日
10	CNA20171164.7	福韵红霞	兰属	福建省农业科学院作物研究所；福建百秾生态科技有限公司	钟淮钦、黄敏玲、陈南川、林兵、叶秀仙、吴建设、罗远华、陈少云、陈南东	2020 年 12 月 31 日

（续表）

序号	品种权号	品种名称	植物种类	品种权人	培育人	授权日
11	CNA20171834.7	晚黄金	李	福建省农业科学院果树研究所	廖汝玉、曾志芳、金　光、尹兰香、郑雨涛	2019 年 05 月 24 日
12	CNA20160115.0	福恢 2075	水稻	福建省农业科学院水稻研究所	郑家团、涂诗航、周　鹏、张水金、郑　轶、董瑞霞、雷上平、吴志愿、蔡巨广、游晴如、谢华安	2019 年 12 月 19 日
13	CNA20160471.8	福恢 6028	水稻	福建省农业科学院水稻研究所	黄庭旭、董练飞、廖发炼、游晴如、董瑞霞、王洪飞	2019 年 07 月 22 日
14	CNA20161574.2	福菜薯 23	甘薯	福建省农业科学院作物研究所	邱永祥、邱思鑫、李国良、林赵淼、张　鸿、许泳清、刘中华、李华伟、罗文彬、纪荣昌、汤　浩、林志坚	2019 年 12 月 19 日

附表 6　2019—2020 年福建省属公益类科研院所获计算机软件著作权情况

序号	登记号	软件全称	著作权人
1	2020SR1542747	石斑鱼仔稚鱼微胶囊饲料的配方设计系统	福建省淡水水产研究所、林建斌、梁　萍、邱曼丽
2	2020SR0637970	知识文库平台移动端（H5）软件	福建省科学技术信息研究所、林　卓、王良熙
3	2020SR0488336	湿地鸟类调查系统（移动端）	福建省林业科学研究院、乐通潮、谭芳林
4	2020SR0458759	基于移动终端的林业外业调查数据采集系统	福建省林业科学研究院、乐通潮、谭芳林
5	2020SR1237121	烘干机短信报警装置控制软件［简称：烘干机报警软件］	福建省农业机械化研究所
6	2020SR1252341	羊支原体病原生物学特征分析系统	福建省农业科学院畜牧兽医研究所
7	2020SR0982833	放牧羊群系谱档案管理系统	福建省农业科学院畜牧兽医研究所
8	2020SR0980471	羊场综合管理信息系统	福建省农业科学院畜牧兽医研究所
9	2020SR0980464	羊场管家平台	福建省农业科学院畜牧兽医研究所
10	2020SR0977621	福清山羊种羊养殖管理系统	福建省农业科学院畜牧兽医研究所
11	2020SR0977610	舍饲羊场系谱档案管理系统	福建省农业科学院畜牧兽医研究所
12	2020SR0778080	杜长大生长猪氨基酸平衡型配合饲料配方软件	福建省农业科学院畜牧兽医研究所
13	2020SR0777382	杜洛克种猪饲料配方软件	福建省农业科学院畜牧兽医研究所
14	2020SR0775995	长大二元后备母猪氨基酸平衡型配合饲料配方软件	福建省农业科学院畜牧兽医研究所
15	2020SR0775792	非常规饲草资源数据库平台	福建省农业科学院畜牧兽医研究所
16	2020SR0775785	后备母猪营养需要及饲料配方软件	福建省农业科学院畜牧兽医研究所

序号	登记号	软件全称	著作权人
17	2020SR0768037	鸽病诊断专家系统	福建省农业科学院畜牧兽医研究所
18	2020SR0767824	鸭盲肠杯叶吸虫病诊断专家系统	福建省农业科学院畜牧兽医研究所
19	2020SR0767817	蛋鸡"无抗蛋"生产技术专家系统	福建省农业科学院畜牧兽医研究所
20	2020SR0633826	抗生素抗动物支原体数据平台	福建省农业科学院畜牧兽医研究所
21	2020SR0633697	动物支原体菌种保存登记信息管理系统	福建省农业科学院畜牧兽医研究所
22	2020SR0633689	动物病料采集及分类登记系统	福建省农业科学院畜牧兽医研究所
23	2020SR0632695	实验室蛋白表达载体信息管理系统	福建省农业科学院畜牧兽医研究所
24	2020SR0632687	羊呼吸道病毒实验室数据管理平台	福建省农业科学院畜牧兽医研究所
25	2020SR0632679	羊流行病学调查信息管理系统	福建省农业科学院畜牧兽医研究所
26	2020SR0484828	规模化蛋鸡场健康养殖管理系统	福建省农业科学院畜牧兽医研究所
27	2020SR0484386	蛋鸡场禽白血病净化智能监测系统	福建省农业科学院畜牧兽医研究所
28	2020SR0429033	禽1型腺病毒病诊断专家系统	福建省农业科学院畜牧兽医研究所
29	2020SR0428762	鸡呼吸道疫病诊断管理工具软件	福建省农业科学院畜牧兽医研究所
30	2020SR0428757	禽1型腺病毒病防控专家系统	福建省农业科学院畜牧兽医研究所
31	2020SR0428154	鸭乙型肝炎病毒防控专家系统	福建省农业科学院畜牧兽医研究所
32	2020SR0428112	禽腺病毒基因分型平台	福建省农业科学院畜牧兽医研究所
33	2020SR0428106	鸭甲肝病毒基因分型平台	福建省农业科学院畜牧兽医研究所
34	2020SR0427744	禽偏肺病毒病防控专家系统	福建省农业科学院畜牧兽医研究所
35	2020SR0427740	禽4型腺病毒病诊断专家系统	福建省农业科学院畜牧兽医研究所
36	2020SR0427682	禽偏肺病毒病诊断专家系统	福建省农业科学院畜牧兽医研究所
37	2020SR0427677	禽偏肺病毒基因分型平台	福建省农业科学院畜牧兽医研究所
38	2020SR0426446	引起蛋（种）鸡产蛋下降疫病诊断管理工具软件	福建省农业科学院畜牧兽医研究所
39	2020SR0426440	鸭乙型肝炎病毒诊断专家系统	福建省农业科学院畜牧兽医研究所
40	2020SR0424268	禽4型腺病毒病防治专家系统	福建省农业科学院畜牧兽医研究所
41	2020SR0349367	用于规模化羊舍氨气监控系统	福建省农业科学院畜牧兽医研究所
42	2020SR0349286	羊口疮疫苗毒和野毒分型系统	福建省农业科学院畜牧兽医研究所
43	2020SR0348777	山羊地方性鼻内肿瘤病毒自动检测系统	福建省农业科学院畜牧兽医研究所
44	2020SR0348065	用于绵羊痘病毒和山羊痘病毒的分类系统	福建省农业科学院畜牧兽医研究所

序号	登记号	软件全称	著作权人
45	2020SR0348063	用于丝状支原体簇分类系统	福建省农业科学院畜牧兽医研究所
46	2020SR0343662	用于规模化羊舍二氧化碳监控系统	福建省农业科学院畜牧兽医研究所
47	2020SR0326515	致鸭产蛋下降疫病防治专家系统	福建省农业科学院畜牧兽医研究所
48	2020SR0326190	鸭星状病毒科学防治专家系统	福建省农业科学院畜牧兽医研究所
49	2020SR0326185	致鸭免疫抑制疫病防治专家系统	福建省农业科学院畜牧兽医研究所
50	2020SR0324966	致鸭产蛋下降病原体快速检测平台	福建省农业科学院畜牧兽医研究所
51	2020SR1622822	鱼籽冷鲜加工流程管控系统	福建省农业科学院农业工程技术研究所
52	2020SR1604884	鲍鱼保鲜控制软件	福建省农业科学院农业工程技术研究所
53	2020SR1604883	鱼籽冷鲜加工平台	福建省农业科学院农业工程技术研究所
54	2020SR1604882	一种海鲜菇饼干制备系统	福建省农业科学院农业工程技术研究所
55	2020SR1604881	一种海鲜菇面条加工系统	福建省农业科学院农业工程技术研究所
56	2020SR1595922	海鲜菇副产物黄酮类化合物超声波、微波和光波协同制备系统	福建省农业科学院农业工程技术研究所
57	2020SR1595921	鲍鱼保鲜环境智能化控制系统	福建省农业科学院农业工程技术研究所
58	2020SR1595918	海鲜菇黄酮类化合物提取系统	福建省农业科学院农业工程技术研究所
59	2020SR1070401	猪场粪污环境指标监测系统	福建省农业科学院农业工程技术研究所
60	2020SR1070392	沼气储气柜智能化调压控制系统	福建省农业科学院农业工程技术研究所
61	2020SR1070385	沼气集中供气智能化控制系统	福建省农业科学院农业工程技术研究所
62	2020SR1069330	猪场粪污深度处理远程控制系统	福建省农业科学院农业工程技术研究所
63	2020SR1069069	猪场粪污厌氧发酵远程控制系统	福建省农业科学院农业工程技术研究所
64	2020SR1069062	猪场粪污深度处理智能化控制系统	福建省农业科学院农业工程技术研究所
65	2020SR1068343	猪场粪污厌氧发酵智能化控制系统	福建省农业科学院农业工程技术研究所
66	2020SR1068287	猪场粪污 A/O 处理智能化控制系统	福建省农业科学院农业工程技术研究所
67	2020SR1068280	猪场粪污 A/O 处理远程控制系统	福建省农业科学院农业工程技术研究所
68	2020SR1067980	猪粪堆肥发酵智能化控制系统	福建省农业科学院农业工程技术研究所
69	2020SR0856878	葡萄酒发酵罐自动控温及喷淋控制系统	福建省农业科学院农业工程技术研究所
70	2020SR0852616	红曲黄酒溶解氧自动监测及控制系统	福建省农业科学院农业工程技术研究所

序号	登记号	软件全称	著作权人
71	2020SR0852609	酒窖温湿度自动监测及控制系统	福建省农业科学院农业工程技术研究所
72	2020SR0852442	葡萄酒二氧化硫自动监测及控制系统	福建省农业科学院农业工程技术研究所
73	2020SR0866457	养殖厌氧消化液还田施用的环境安全评估系统	福建省农业科学院农业工程技术研究所、陈　彪、黄　婧、肖艳春
74	2020SR0865202	养殖场污水处理控制管理系统	福建省农业科学院农业工程技术研究所、陈　彪、黄　婧、肖艳春
75	2020SR0865102	养殖场固定排放源污染物检测系统	福建省农业科学院农业工程技术研究所、陈　彪、黄　婧、肖艳春
76	2020SR0860276	基于云端数据共享的污水处理监测软件	福建省农业科学院农业工程技术研究所、陈　彪、黄　婧、肖艳春
77	2020SR0865109	农业污染物治理评估服务平台	福建省农业科学院农业工程技术研究所、陈　彪、肖艳春、黄　婧
78	2020SR0861664	农业污染物治理管控平台	福建省农业科学院农业工程技术研究所、陈　彪、肖艳春、黄　婧
79	2020SR0861544	基于环境污染的固废处理技术优化系统	福建省农业科学院农业工程技术研究所、陈　彪、肖艳春、黄　婧
80	2020SR0861537	畜禽养殖场污染治理与废弃物资源化高效利用技术分析评估软件	福建省农业科学院农业工程技术研究所、陈　彪、肖艳春、黄　婧
81	2020SR1078637	红曲黄酒酿造红曲添加计量计算系统	福建省农业科学院农业工程技术研究所、李维新
82	2020SR1077664	红曲黄酒生产成本统计分析系统	福建省农业科学院农业工程技术研究所、李维新
83	2020SR1072266	红曲黄酒大罐发酵自动控温及搅拌控制系统	福建省农业科学院农业工程技术研究所、李维新
84	2020SR1072262	红曲黄酒大罐发酵酒精浓度监测系统	福建省农业科学院农业工程技术研究所、李维新
85	2020SR0865136	NB-IoT 无线茶树叶片颜色采集终端软件［简称：NB-IoT 无线茶树叶片颜色采集终端］	福建省农业科学院农业生态研究所
86	2020SR0349040	NB-IoT 无线茶园生态环境监测终端软件［简称：NB-IoT 无线茶园生态环境监测终端］	福建省农业科学院农业生态研究所
87	2020SR1504004	生猪行为监控智能化分析系统	福建省农业科学院农业生物资源研究所
88	2020SR1734078	仪器设备共享在线预约平台	福建省农业科学院农业质量标准与检测技术研究所

（续表）

序号	登记号	软件全称	著作权人
89	2020SR1734028	实验室数据中心管理系统	福建省农业科学院农业质量标准与检测技术研究所
90	2020SR1734009	检测实验室信息管理系统	福建省农业科学院农业质量标准与检测技术研究所
91	2020SR0461794	银耳工厂化栽培温湿度控制系统	福建省农业科学院农业质量标准与检测技术研究所
92	2020SR0461721	银耳工厂化烘干控制系统	福建省农业科学院农业质量标准与检测技术研究所
93	2020SR0457697	银耳质量安全溯源管理系统	福建省农业科学院农业质量标准与检测技术研究所
94	2020SR0457569	水产饲料质量安全溯源管理系统	福建省农业科学院农业质量标准与检测技术研究所
95	2020SR0379140	花生质量安全数据软件	福建省农业科学院农业质量标准与检测技术研究所
96	2020SR0366978	澳洲龙纹斑鱼苗收集计数系统	福建省农业科学院农业质量标准与检测技术研究所
97	2020SR0366972	鳗鱼养殖投喂管理系统	福建省农业科学院农业质量标准与检测技术研究所
98	2020SR0366614	澳洲龙纹斑养殖场光度调节系统	福建省农业科学院农业质量标准与检测技术研究所
99	2020SR0364071	水产养殖水质监控系统	福建省农业科学院农业质量标准与检测技术研究所
100	2020SR0363754	墨瑞鳕人工催产管理系统	福建省农业科学院农业质量标准与检测技术研究所
101	2020SR0141726	福建省农业科学院质标所农产品质量安全研究室检测管理系统	福建省农业科学院农业质量标准与检测技术研究所
102	2020SR0141725	福建省农业科学院质标所农产品质量安全研究室样品管理系统	福建省农业科学院农业质量标准与检测技术研究所
103	2020SR0139832	福建省农业科学院质标所农产品质量安全研究室公共服务系统	福建省农业科学院农业质量标准与检测技术研究所
104	2020SR0139827	福建省农业科学院质标所农产品质量安全研究室资源管理系统	福建省农业科学院农业质量标准与检测技术研究所
105	2020SR0508436	水产养殖效益测算系统	福建省农业科学院生物技术研究所、福建伐木粒智能科技有限公司
106	2020SR1202335	黄秋葵栽培过程实时监控管理系统	福建省农业科学院亚热带农业研究所

（续表）

序号	登记号	软件全称	著作权人
107	2020SR1202324	黄秋葵栽培自动浇灌管理控制系统	福建省农业科学院亚热带农业研究所
108	2020SR1198955	苦瓜育苗工业化生产流程管理系统	福建省农业科学院亚热带农业研究所
109	2020SR1198950	苦瓜种植施肥智能灌溉系统	福建省农业科学院亚热带农业研究所
110	2020SR1149577	黄秋葵栽培管理系统	福建省农业科学院亚热带农业研究所
111	2020SR1149058	黄花菜栽培管理系统	福建省农业科学院亚热带农业研究所
112	2020SR1148363	黄花菜栽培土壤数据智能分析软件	福建省农业科学院亚热带农业研究所
113	2020SR1148259	黄秋葵栽培育苗长势实时监测终端系统	福建省农业科学院亚热带农业研究所
114	2020SR1147905	黄秋葵栽培育苗环境温湿度控制系统	福建省农业科学院亚热带农业研究所
115	2020SR0823838	植物病虫害用药配方管理系统	福建省农业科学院植物保护研究所
116	2020SR0823748	植保智盒运维管理系统	福建省农业科学院植物保护研究所
117	2020SR0823742	农药速查系统	福建省农业科学院植物保护研究所
118	2020SR0823776	害虫智能监测云平台	福建省农业科学院植物保护研究所、福建省农业科学院科技干部培训中心
119	2020SR0924091	一种利用 LAMP 检测三七黑斑病菌的检测系统	福建省农业科学院植物保护研究所、兰成忠
120	2020SR0465904	野牡丹属植物适应性评价与分析系统	福建省热带作物科学研究所、陈振东、林秀香、郑 涛、林秋金、苏金强
121	2020SR0465709	柠檬冬季扦插育苗管理系统	福建省热带作物科学研究所、林秀香、陈振东、牛先前、余智城、苏金强
122	2020SR0465715	野牡丹属植物观赏性评价系统	福建省热带作物科学研究所、林秀香、林秋金、陈振东、余智城、苏金强
123	2020SR0465909	香水柠檬物候期监测与分析系统	福建省热带作物科学研究所、林秀香、牛先前、余智城、林秋金、陈振东
124	2020SR0268089	野牡丹微扦插根系生长量自动监测系统	福建省热带作物科学研究所、林秀香、郑 涛、陈振东、林秋金、余智城
125	2020SR0380136	朝天椒露地栽培生长分析系统	福建省热带作物科学研究所、张天翔、徐小明、周 华、马求凤、赖运伙、宁化县王中王辣椒专业合作社
126	2020SR0991215	气象-水文-水动力-风险评估链式耦合模型软件［简称：耦合模型］	福建省水利水电科学研究院
127	2020SR1212588	高密度遗传图谱加性、显性 QTL 定位模拟系统	福建师范大学
128	2020SR1209686	低密度遗传图谱加性、显性 QTL 定位模拟系统	福建师范大学

（续表）

序号	登记号	软件全称	著作权人
129	2020SR1194535	福建平潭海坛岛火成岩地貌演变虚拟仿真实验教学系统	福建师范大学
130	2020SR1689958	河道环保污染物巡检管理系统	福建师范大学地理研究所
131	2020SR1584020	无人机飞行任务管理系统	福建师范大学地理研究所
132	2020SR1198493	福建师范大学旗山校区电子导览系统	福建师范大学地理研究所
133	2020SR0722921	生存类游戏软件	福建师范大学地理研究所
134	2020SR0722461	iTraveller 出行辅助软件	福建师范大学地理研究所
135	2020SR0284455	福州市古厝文化信息检索与展示系统	福建师范大学地理研究所
136	2020SR0111609	旅游分析决策系统	福建师范大学地理研究所
137	2019SR0623048	聚合酶链反应分析仪自动校准软件	福建省计量科学研究院
138	2019SR0359167	自动气象站在线校准系统	福建省计量科学研究院
139	2019SR0214421	本质安全燃油加油机全自动检定软件	福建省计量科学研究院
140	2019SR0931632	云主机入侵监控系统	福建省科学技术信息研究所
141	2019SR1296044	APT 高级监控预警系统	福建省科学技术信息研究所
142	2019SR1233860	知识文库前端展示平台	福建省科学技术信息研究所、林　卓、曹玉婷、林静静
143	2019SR1233843	知识文库后端管理平台	福建省科学技术信息研究所、林　卓、林静静、曹玉婷
144	2019SR0546127	超微粉碎机物联网系统	福建省农业机械化研究所
145	2019SR1269088	鸭 3 型腺病毒快速检测平台	福建省农业科学院畜牧兽医研究所
146	2019SR0870371	鸭圆环病毒基因分型系统	福建省农业科学院畜牧兽医研究所
147	2019SR0870329	鸭星状病毒基因分型系统	福建省农业科学院畜牧兽医研究所
148	2019SR0870203	致鸭产蛋下降重要病毒快速检测平台	福建省农业科学院畜牧兽医研究所
149	2019SR0870181	水禽禽 I 型副黏病毒基因分型平台	福建省农业科学院畜牧兽医研究所
150	2019SR0870176	禽坦布苏病毒毒力评估系统	福建省农业科学院畜牧兽医研究所
151	2019SR0868882	基于产蛋保护指数的疫苗免疫效果评价系统	福建省农业科学院畜牧兽医研究所
152	2019SR0867858	水禽细小病毒基因分型平台	福建省农业科学院畜牧兽医研究所
153	2019SR0361243	鸭短喙侏儒综合征诊断专家系统	福建省农业科学院畜牧兽医研究所

序号	登记号	软件全称	著作权人
154	2019SR0360626	鸭 3 型腺病毒病诊断专家系统	福建省农业科学院畜牧兽医研究所
155	2019SR0360607	禽坦布苏病毒病防治专家系统	福建省农业科学院畜牧兽医研究所
156	2019SR0360567	鸭甲肝病毒病防控专家系统	福建省农业科学院畜牧兽医研究所
157	2019SR0360288	鸭甲肝病毒病诊断专家系统	福建省农业科学院畜牧兽医研究所
158	2019SR0360280	鸭短喙侏儒综合征防控专家系统	福建省农业科学院畜牧兽医研究所
159	2019SR0360263	水禽圆环病毒感染科学防控专家系统	福建省农业科学院畜牧兽医研究所
160	2019SR0360246	鸭 3 型腺病毒病防控专家系统	福建省农业科学院畜牧兽医研究所
161	2019SR0360228	水禽圆环病毒感染诊断专家系统	福建省农业科学院畜牧兽医研究所
162	2019SR0360175	鸭群健康养殖管理技术专家系统	福建省农业科学院畜牧兽医研究所
163	2019SR0164473	鸭病诊断与防治专家系统	福建省农业科学院畜牧兽医研究所
164	2019SR0163831	禽源多杀性巴氏杆菌病临床用药推荐系统	福建省农业科学院畜牧兽医研究所
165	2019SR0163826	禽大肠杆菌病临床用药推荐系统	福建省农业科学院畜牧兽医研究所
166	2019SR0148223	评价蛋鸡产蛋率的系统	福建省农业科学院畜牧兽医研究所
167	2019SR0143974	评价蛋鸭产蛋率的系统	福建省农业科学院畜牧兽医研究所
168	2019SR0360592	禽坦布苏病毒病诊断专家系统	福建省农业科学院畜牧兽医研究所
169	2019SR0360271	鹅群健康养殖管理技术专家系统	福建省农业科学院畜牧兽医研究所
170	2019SR0164457	水禽疫病诊断管理工具软件	福建省农业科学院畜牧兽医研究所
171	2019SR0163827	鸭传染性浆膜炎临床用药推荐系统	福建省农业科学院畜牧兽医研究所
172	2019SR1158693	猪场粪污处理智能化控制系统	福建省农业科学院农业工程技术研究所
173	2019SR1158636	上流序批式沼气池远程控制系统	福建省农业科学院农业工程技术研究所
174	2019SR1158629	上流序批式沼气池智能监控系统	福建省农业科学院农业工程技术研究所
175	2019SR1157296	沼气综合利用智能化监控系统	福建省农业科学院农业工程技术研究所
176	2019SR1007232	沼气发酵大数据智能管控系统	福建省农业科学院农业工程技术研究所
177	2019SR1007217	农村生活污水处理网络信息服务平台	福建省农业科学院农业工程技术研究所
178	2019SR1006587	猪场粪污治理控制决策支持系统	福建省农业科学院农业工程技术研究所
179	2019SR1006559	沼渣堆肥设备在线智能监测系统	福建省农业科学院农业工程技术研究所

序号	登记号	软件全称	著作权人
180	2019SR0769178	基于氧化–混凝复合处理技术的污水调控系统	福建省农业科学院农业工程技术研究所
181	2019SR0665094	沼气发电机高温余热回收控制系统	福建省农业科学院农业工程技术研究所
182	2019SR0665086	农村生活污水水质净化监测软件	福建省农业科学院农业工程技术研究所
183	2019SR0632957	沼液浇灌智能化控制技术软件	福建省农业科学院农业工程技术研究所
184	2019SR0449248	脱硫灰促猪粪腐熟调肥控温系统	福建省农业科学院农业工程技术研究所
185	2019SR0632949	猪场粪污治理智能控制技术软件	福建省农业科学院农业工程技术研究所
186	2019SR0373262	食品中有毒有害化学物质分析软件	福建省农业科学院农业工程技术研究所、福建中检华日食品安全检测有限公司
187	2019SR0036075	Zigbee 无线植物颜色采集终端软件	福建省农业科学院农业生态研究所
188	2019SR1129132	百香果质量安全可追溯系统	福建省农业科学院农业质量标准与检测技术研究所
189	2019SR0551581	茶叶产地环境信息和化学物质含量对应关系管理和查询的软件	福建省农业科学院农业质量标准与检测技术研究所
190	2019SR0551521	茶叶样品物理信息和化学信息管理和查询的软件	福建省农业科学院农业质量标准与检测技术研究所
191	2019SR0546962	兰花图片和信息管理软件	福建省农业科学院农业质量标准与检测技术研究所
192	2019SR0462028	水产品质量安全溯源管理系统	福建省农业科学院农业质量标准与检测技术研究所
193	2019SR0461385	水产品质量安全监测信息管理系统	福建省农业科学院农业质量标准与检测技术研究所
194	2019SR1344921	一种高效率太阳能昆虫行为调控灯控制系统	福建省农业科学院水稻研究所
195	2019SR1341926	一款用于水稻苗及飞虱培育的全自动LED 灯光调控系统	福建省农业科学院水稻研究所
196	2019SR0645725	慧农信科特派移动服务工作站软件	福建省农业科学院植物保护研究所
197	2019SR0645529	福建省科技特派员实名登记注册管理系统	福建省农业科学院植物保护研究所
198	2019SR0643550	福建农村科技信息资源平台	福建省农业科学院植物保护研究所
199	2019SR0643258	慧农信小程序软件	福建省农业科学院植物保护研究所
200	2019SR0869475	野牡丹属植物花期监测及分析系统	福建省热带作物科学研究所、郑　涛、陈振东、林秀香、苏金强、何雪娇
201	2019SR0556992	百香果脱毒育苗管理系统	福建省热带作物科学研究所、罗金水、俞超维、吴祖建

序号	登记号	软件全称	著作权人
202	2019SR0716406	蔬菜穴盘育苗自动补水系统	福建省热带作物科学研究所、漳州市顺成种子有限公司、郑　涛、吴良忠、蓝炎阳、林秀香
203	2019SR0716430	香蕉密植肥水滴灌系统	福建省热带作物科学研究所、漳州市昱盛农业科技有限公司、杨俊杰、蓝炎阳、吴宁勇、郑　涛
204	2019SR0561668	血叶兰绿色栽培系统	福建省热带作物科学研究所、郑　涛、蔡坤秀、卢永春、陈振东
205	2019SR0560903	血叶兰工厂化育苗管理系统	福建省热带作物科学研究所、郑　涛、蓝炎阳、张天翔、卢永春
206	2019SR1154216	基于 Sentinel-2 的水体信息自动提取软件	福建师范大学地理研究所
207	2019SR1141970	基于 Sentinel-2 的建筑用地信息自动提取软件	福建师范大学地理研究所
208	2019SR1038028	基于同日过空 Sentinel-2 与 Landsat 8 数据的地表温度反演软件	福建师范大学地理研究所
209	2019SR0967294	基于 C#与 RFID 的商品入库管理系统	福建师范大学地理研究所
210	2019SR0967293	基于 WebGIS 的数字校园系统	福建师范大学地理研究所
211	2019SR0950566	巨灾情景模拟与分析系统	福建师范大学地理研究所
212	2019SR0949413	中小河流洪涝灾害风险预警业务化系统	福建师范大学地理研究所
213	2019SR0931230	耕地健康评价系统	福建师范大学地理研究所
214	2019SR0930301	福建省农业旱情遥感监测系统（桌面版）	福建师范大学地理研究所
215	2019SR0929193	福建省农业旱情遥感监测系统（自动版）	福建师范大学地理研究所
216	2019SR0919453	平潭岛虚拟仿真实验教学系统	福建师范大学地理研究所
217	2019SR0878728	排水数据采集软件	福建师范大学地理研究所
218	2019SR0760090	改进 ESTARFM 算法时空数据融合软件	福建师范大学地理研究所
219	2019SR0521669	图像预处理及要素检测系统	福建师范大学地理研究所
220	2019SR1386899	土地承载力和土地适宜性评价系统	福建师范大学地理研究所、福建纵图科技有限公司

序号	登记号	软件全称	著作权人
221	2019SR1334876	国土空间"一张图"实施监控信息系统	福建师范大学地理研究所、福建纵图科技有限公司
222	2019SR1334838	无人机环保巡查与监管管理信息系统	福建师范大学地理研究所、福建纵图科技有限公司
223	2019SR1334836	自然资源与空间信息时空云平台	福建师范大学地理研究所、福建纵图科技有限公司
224	2019SR1334834	国土空间规划编制信息平台	福建师范大学地理研究所、福建纵图科技有限公司
225	2019SR1322048	自然资源"一张图"综合管理系统	福建师范大学地理研究所、福建纵图科技有限公司
226	2019SR1322042	智慧排水管线综合管理信息系统	福建师范大学地理研究所、福建纵图科技有限公司
227	2019SR1295963	跨平台实景三维地理信息系统	福建师范大学地理研究所、福建纵图科技有限公司
228	2019SR1295669	城建档案管理信息系统	福建师范大学地理研究所、福建纵图科技有限公司
229	2019SR1248716	实景三维智慧农场管理信息系统	福建师范大学地理研究所、福建纵图科技有限公司
230	2019SR1248017	生态保护红线监管平台	福建师范大学地理研究所、福建纵图科技有限公司
231	2019SR1247952	自然资源综合监管预警平台	福建师范大学地理研究所、福建纵图科技有限公司
232	2019SR1247526	国土空间基础信息平台	福建师范大学地理研究所、福建纵图科技有限公司
233	2019SR1245912	自然资源普查综合管理信息系统	福建师范大学地理研究所、福建纵图科技有限公司
234	2019SR1245109	"多规合一"综合管理信息系统	福建师范大学地理研究所、福建纵图科技有限公司
235	2019SR1234722	纵图智慧城市大数据云平台	福建师范大学地理研究所、福建纵图科技有限公司
236	2019SR1232993	纵图影像智能数字化系统	福建师范大学地理研究所、福建纵图科技有限公司
237	2019SR1247788	生态功能保护区实景三维信息管理服务平台	福建师范大学地理研究所、福建纵图科技有限公司

附表7　2019—2020 年福建省属公益类科研院所获商标权情况

序号	核定使用商品/服务项目	注册人	有效期	注册日期
1	技术研究；科学研究；科学实验室服务；质量检测；质量控制；细菌学研究；生物学研究；临床试验；材料测试；技术开发领域的咨询服务	福建省农业科学院畜牧兽医研究所	2029 年 12 月 06 日	2019 年 12 月 07 日
2	活家禽；孵化蛋（已受精）；活动物；牧畜饲料；动物饲料；家畜饲料；动物食品；饲料；宠物食品；宠物饮料	福建省农业科学院畜牧兽医研究所	2029 年 05 月 06 日	2019 年 05 月 07 日
3	家禽（非活）；猪肉；鸡肉；肉；牛肉；羊肉片；蛋；鸡蛋；鸭蛋；加工过的鸡蛋	福建省农业科学院畜牧兽医研究所	2029 年 04 月 27 日	2019 年 04 月 28 日
4	医用和兽医用细菌制剂；医用或兽医用微生物制剂；细菌培养基；微生物用营养物质；医用或兽医用微生物培养物；兽医用细菌学研究制剂；医用或兽医用诊断制剂；兽医用制剂；兽医用药；兽医用生物制剂	福建省农业科学院畜牧兽医研究所	2029 年 04 月 20 日	2019 年 04 月 21 日
5	兽药零售或批发服务；兽医用制剂零售或批发服务；卫生制剂零售或批发服务；药品零售或批发服务；药用制剂零售或批发服务；医疗用品零售或批发服务；药用、兽医用、卫生用制剂和医疗用品的零售服务；药用、兽医用、卫生用制剂和医疗用品的批发服务	福建省农业科学院畜牧兽医研究所	2029 年 04 月 20 日	2019 年 04 月 21 日
6	动物养殖；兽医辅助；动物清洁；宠物清洁；水产养殖服务；人工授精（替动物）；试管受精（替动物）	福建省农业科学院畜牧兽医研究所	2029 年 04 月 13 日	2019 年 04 月 14 日
7	滴滴农夫	福建省农业科学院亚热带农业研究所	2029 年 02 月 27 日	2019 年 02 月 28 日

附 录 相关指标内涵

指标内涵按照报告中出现的先后顺序排列。

从业人员：指由本单位年末直接组织安排工作并支付工资的各类人员总数。包括在岗职工、劳务派遣人员和返聘的离退休人员。不包括离退休人员、停薪留职人员。

外聘的流动学者：外聘短期或长期的访问学者、研究人员（编制在其他单位）。

招收的非本单位在读研究生：本单位招收的在读的研究生，不包括本单位职工在读研究生。

离退休人员总数：指历年由本单位离退休的人员。

在岗职工：指在本单位工作且与本单位签订聘用合同，并由单位支付各项工资和社会保险、住房公积金的人员，以及上述人员中由于学习、病伤、产假等原因暂未工作仍由单位支付工资的人员。

劳务派遣人员：指与劳务派遣单位签订劳动合同，并被劳务派遣单位派遣到本单位工作，且劳务派遣单位与本单位签订《劳务派遣协议》的人员。

其他从业人员：指在本单位工作，不能归入在岗职工、劳务派遣人员中的人员。此类人员是实际参加本单位工作并从本单位取得劳动报酬的人员。如聘用的正式离退休人员、在本单位工作的外籍和港澳台方人员等。

从事科技活动人员：指从业人员中的科技管理人员、课题活动人员和科技服务人员。

从事生产经营活动人员：指主要从事定型产品的批量生产，单位内部招待所、商店、出版印刷等生产经营和对外服务活动的人员。在单位办经济实体中的院所编制人员也应包括在内。

其他人员：指从业人员中除了从事科技活动和生产、经营活动人员以外的其余人员，包括从事医疗、工程设计、教学培训和生活后勤服务人员等。

科技管理人员：指院、所领导及业务、人事管理人员。包括：从事科技计划管理、课题管理、成果管理、专利管理、科技统计、科技档案管理、科技外事工作、人事管理、教育培训、财务等与科技活动有关的人员。

课题活动人员： 指编制在研究室或课题组的人员。

科技服务人员： 指直接为科技工作服务的各类人员，如从事图书、信息与文献、测试、试制、咨询、物资器材供应等工作的人员，以及实验室、试验工厂（车间）、试验农场的人员。不包括司机、门卫、食堂人员、医务人员、清洁工、幼儿园和托儿所的工作人员，以及主要从事生产、经营活动人员。

学位和学历： 指由人事部门或干部部门根据国家有关规定，填报本单位从事科技活动人员的学位和学历情况，按获得的最高学位或最高学历填写。如果有研究生学历无硕士学位，按硕士毕业填写。

专业技术职称（务）： 指填报本单位从事科技活动人员中专业技术职称（务）情况，未实行专业技术职务聘任的单位，按原技术职称填报。

高级职称： 指研究员、副研究员；教授、副教授；高级工程师；高级农艺师；正、副主任医（药、护、技）师；高级实验师；高级统计师；高级经济师；高级会计师；编审（正、副编审）；译审（正、副译审）；高级（主任）记者；正、副研究馆员等。

中级职称： 指助理研究员；讲师；工程师；农艺师；主治医（药、护、技）师；实验师；统计师；经济师；会计师；编辑；翻译；记者；馆员等。

初级职称： 指研究实习员；助教；助理工程师、技术员；助理农艺师、农业技术员；医（药、护、技）师、医（药、护、技）士；助理实验师、实验员；助理统计师、统计员；助理经济师；助理会计师、会计员；助理编辑、见习编辑；助理翻译；助理记者；助理馆员、管理员等。

科学研究与试验发展（R&D活动）： 指为增加知识存量（也包括有关人类、文化和社会的知识）以及设计已有知识的新应用而进行的创造性、系统性工作。

R&D活动分为以下三种类型：（1）基础研究；（2）应用研究；（3）试验发展。

基础研究： 基础研究是一种不预设任何特定应用或使用目的的实验性或理论性工作，其主要目的是为获得（已发生）现象和可观察事实的基本原理、规律和新知识。基础研究的成果通常表现为提出一般原理、理论或规律，并以论文、著作、研究报告等形式为主。

应用研究： 指为获取新知识，达到某一特定的实际目的或目标而开展的初始性研究。应用研究是为了确定基础研究成果的可能用途，或确定实现特定和预定目标的新方法。其研究成果以论文、著作、研究报告、原理性模型或发明专利等形式为主。

试验发展： 指利用从科学研究、实际经验中获取的知识和研究过程中产生的其他知识，开发新的产品、工艺或改进现有产品、工艺而进行的系统性研究。其研究成果以专利、专有技术，以及具有新颖性的产品原型、原始样机及装置等形式为主。

R&D人员： 指报告期R&D活动单位中从事基础研究、应用研究和试验发展活动的人员。包括：（1）直接参加 R&D 活动的人员；（2）与 R&D 活动相关的管理人员和直接服务人员，即直接为 R&D 活动提供资料文献、材料供应、设备维护等服务的人员。不包括为 R&D 活动提供间接服务的人员，如餐饮服务、安保人员等，也不包括全年从事 R&D 活动工作量不到 0.1 年的人员。

R&D 人员按人员工作性质分：指先将参加 R&D 活动的人员按其承担研究工作的工作性质来进行分类，再进行工作量计算。

研究人员：指从事新知识、新产品、新工艺、新方法、新系统的构想或创造的专业人员及 R&D 项目（课题）主要负责人员和 R&D 机构的高级管理人员。研究人员一般应具备中级及以上职称或博士学历。从事 R&D 活动的博士研究生应被视作研究人员。

技术人员：指在研究人员指导下从事 R&D 活动的技术工作人员。他们的活动包括：进行文献检索、从档案馆和图书馆中筛选相关资料；编制计算机程序；进行实验、测试和分析；为实验、测试和分析准备材料和设备；记录测量数据、计算和编制图表；进行统计调查和访谈，及 R&D 课题的一般管理人员。

其他辅助人员：指参加 R&D 活动或直接协助 R&D 活动的技工、文秘和办事人员等。

R&D 全时人员：指全时人员是指报告期从事 R&D 活动的实际工作时间占制度工作时间 90% 及以上的人员，其全时当量计为 1 人·年。

R&D 非全时人员：指本报告期从事 R&D 活动的实际工作时间占制度工作时间 10%（含）～90%（不含）的人员，其全时当量按工作时间比例计为 0.1～0.9 人·年；从事 R&D 活动的实际工作时间占制度工作时间不足 10% 的人员，不计入 R&D 人员，也不计算全时当量。

R&D 人员折合全时工作量：指报告期 R&D 人员按实际从事 R&D 活动时间计算的工作量，以"人·年"为计量单位。是全时人员折合全时工作量与所有非全时人员工作量之和，结果取整数。一个全时人员的折合全时工作量计为 1，非全时人员按实际投入工作量进行累加。例如：有两个全时人员（他们的工作量分别为 0.9 年和 1.0 年）和三个非全时人员（他们的工作量分别为 0.2 年、0.3 年和 0.7 年），则折合为：折合全时工作量 = 1 + 1 + 0.2 + 0.3 + 0.7 = 3（人·年）（四舍五入）。

经常费收入：指包括暂收（暂付）款，经常费收入中各项皆为毛收入。

科技活动收入：指本单位开展科技活动所获得收入，不论来源渠道如何。

经营活动收入：指本单位在专业业务活动及辅助活动之外开展非独立核算经营活动取得的收入。包括产品（商品）销售收入、经营服务收入、工程承包收入、租赁收入和其他经营收入。

其他收入（含医疗、工程设计、教学培训等活动收入和离退休人员政府拨款）：指开展科技活动与生产、经营活动以外的各项收入，包括医院的医疗活动、工程设计活动、教学培训等活动收入和离退休人员政府拨款。

政府资金：指由各级政府部门直接拨款或企事业单位利用政府资金委托本单位从事科学技术活动所获得的收入。

财政拨款（不含离退休人员的政府拨款）：指单位本年度实际收到的本级财政拨款，含一般公共预算拨款和政府性基金预算拨款。根据事业单位"收入支出决算总表"中的"财政拨款"项目填报。不包括离退休人员的政府拨款。

承担政府科研项目收入：指本单位为了开展科学研究、新产品试制、中间试验、科技成果示范性推广等科技活动，通过签订协议、合同或其他形式申请并获得的政府经费，包括课题专项、设备专项和其他专项。

技术性收入：指本单位从事科学技术活动所获得的非政府资金（毛收入），如：企事业单位和社会团体利用自有资金委托本单位开展科学技术活动所提供的资金，由技术开发收入、技术转让收入、技术咨询及技术服务收入、学术活动和科普活动收入几项合计。

经常费支出（不含资产性支出）：指调查单位报告期发生的、可在当期直接作为费用计入成本的支出，包括人员劳务费和其他日常性支出。

科技活动支出：指调查单位在报告期内用于内部开展科技活动、可在当期直接作为费用计入成本的支出，包括来自科研渠道以及其他各种渠道的经费实际用于科技活动支出的费用，包括外协加工费。

生产经营活动支出：指本单位在专业业务活动及辅助活动之外开展非独立核算经营活动发生的支出。

其他支出：指开展科技活动与经营活动以外的各项活动的内部支出，包括医院的医疗活动、工程设计活动、教学培训等活动内部支出，离退休人员费用。

人员劳务费：指报告期调查单位以货币或实物形式直接或间接支付给科技活动人员的劳动报酬及各种费用，包括工资、奖金以及所有相关费用和福利。

设备购置费：指本单位使用非基建投资购建费购买用于科技活动的固定资产的实际支出额，固定资产指长期使用而不改变原有的实物形态，单位价值在规定标准以上的主要物资设备。如科研仪器设备、图书资料、实验材料和标本以及其他科研设备。

其他日常性支出：报告期调查单位用于科技活动而购置的原材料、燃料、动力、工器具等低值易耗品，以及各种相关直接或间接的管理和服务等支出。

R&D 经费内部支出：指报告期调查单位内部为实施 R&D 活动而实际发生的全部经费，应按"全成本核算"的口径进行计量。包括人员工资、劳务费、其他日常支出、仪器设备购置费、土地使用和建造费等。不包括与外单位合作研究而拨给对方使用的经费。

人员劳务费：指报告期调查单位为实施 R&D 活动以货币或实物形式直接或间接支付给 R&D 人员的劳动报酬及各种费用，包括工资、奖金以及所有相关费用和福利。非全时人员劳务费应按其从事 R&D 活动实际工作时间进行折算。

设备购置费：指当年本单位为开展 R&D 活动在经常费中支出的仪器设备（使用年限一年以上且单位价值在规定标准以上的仪器设备购置）购置费；为开展此活动专用购买的设备费应计入此项；为几类科技活动公用而购买的设备费，按 R&D 活动实际使用（或预计使用）的时间分摊到此项中。

其他日常性支出：指报告期调查单位为实施 R&D 活动而购置的原材料、燃料、动力、工器具等低值易耗品，以及各种相关直接或间接的管理和服务等支出。为 R&D 活动提供间接服务的人员费用包括在内。计算 R&D 活动日常支出时，应将整个单位的公共管理费、公用非科研仪器设备购置费等，分摊到单位相应 R&D 活动日常支出中。

R&D 经费外部支出：指报告期调查单位委托其他单位或与其他单位合作开展 R&D 活动而转拨给其他单位的全部经费。不包括外协加工费。

科技课题：指填写本单位在本年度内为解决与科学技术有关的问题，而开展的有组织的、得到本单位认可的活动。包括课题、专题、项目、任务等。只填写本年度内进行的课题，包括本年度完成课题。

科技课题来源：课题来源是指课题的立项单位，分国家科技项目、地方科技项目和其他科技项目。如果某课题同时列入国家科技计划和地方科技计划，按最高一级填报。

科技课题活动类型：（1）基础研究；（2）应用研究；（3）试验发展；（4）研究与试验发展成果应用；（5）技术推广与科技服务。

科技课题合同经费：指本课题立项时，在项目合同书上或课题计划上所确定的投资总额。

年末固定资产原价：固定资产指能在较长时间内使用，消耗其价值，但能保持原有实物形态的设施和设备，如房屋和建筑物等。作为固定资产应同时具备两个条件：即耐用年限在一年以上，单位价值在规定标准以上的财产、物资。

科研房屋建筑物：指可直接用于科技活动的各种建筑设施。包括实验楼、实验室、实验性工厂（车间）、农场的有关建筑设施、学术报告场所、科技管理的办公建筑、科技器材物资仓库。不包括食堂、职工宿舍等福利性建筑。若以上各种建筑设施不是用于单一目的，按比例折算分别统计。

科学仪器设备：指从事科技活动的人员直接使用的科研仪器设备。不包括与基建配套的各种动力设备、机械设备、辅助设备，也不包括一般运输工具（科学考察用交通运输工具除外）和专用于生产的仪器设备。若科研与生产共用的仪器设备，则按其使用目的，统计在主要一方（不包括长期闲置不用的仪器和设备）。

科技论文：指报告年度在学术期刊上发表的最初的科学研究成果。应具备以下三个条件：（1）首次发表的研究成果；（2）作者的结论和试验被同行重复并验证；（3）发表后科技界能引用。统计范围为在全国性学报或学术刊物上、省部属大专院校对外正式发行的学报或学术刊物上发表的论文，以及向国外投稿发表的论文。只统计第一作者编制在本单位或者第一署名单位为本单位的论文。

科技著作：指经过正式出版部门编印出版的科技专著、大专院校教科书、科普著作。只统计本单位科技人员为第一作者的著作。同一书名计为一种著作，与书的发行量无关。

专利授权数：指报告年度由国内外知识产权行政部门向调查单位授予专利权的件数。

发明专利授权数：指报告年度由国内外知识产权行政部门向调查单位授予发明专利权的件数。

拥有有效发明专利总数：指报告年度调查单位作为专利权人在报告年度拥有的、经国内外知识产权行政部门授权且在有效期内的发明专利件数。

专利所有权转让与许可数：指报告年度调查单位向外单位转让专利所有权或允许专利技术由被许可单位使用的件数，一项专利多次许可，算一件。

专利所有权转让与许可收入：指报告年度调查单位向外单位转让专利所有权或允许专利技术由被许可单位使用而得到的收入。包括当年从被转让方或被许可方得到的一次性付款和分期付款收入，以及利润分成、股息收入等。包括以往年份签订转让专利所有权或允许专利技术由被许可单位使用合同的收入。

品种审（认、鉴）定、登记数：指对照品种审（认、鉴）定、登记标准，对新育成或引进品种进行评审，从而确定其生产价值及适宜推广的范围。

形成国家、行业或地方标准数：指报告年度调查单位在自主研发或自主知识产权基础上形成的国家、行业或地方标准。

植物新品种权授予数：指报告年度调查单位向农业、林业行政部门（审批机关）提出申请并被授予植物新品种的项数。

计算机软件著作权数：指报告年度调查单位向国家版权局提出登记申请并被受理登记的计算机软件著作权数。

商标权数：指报告年度调查单位向知识产权行政部门提出登记申请并被受理登记的商标权的件数。

新药证书数：指报告年度调查单位向国家食品药品监督管理局提出申请并被批准新药证书总数。

科技成果转化：指技术转让（许可、作价投资）、开发、咨询及服务等活动。

科技成果转让：指通过所有权转移等转让方式进行科技成果转化。

科技成果许可：指以许可使用等方式进行科技成果转化。

技术作价投资：指以技术折算一定价值对外投资的科技成果转化，包括以专利作价入股、以技术作价投资创设新公司、以技术作价投资参股公司等方式。

技术开发、咨询、服务：指按照《中华人民共和国合同法》第十八章签署的技术开发、技术咨询和技术服务合同。

对外科技服务：与科学研究与试验发展有关并有助于科学技术知识的产生、传播和应用的活动，包括：为扩大科技成果的使用范围而进行的示范性推广工作；为用户提供科技信息和文献服务的系统性工作；为用户提供可行性报告、技术方案、建议及进行技术论证等技术咨询工作；自然、生物现象的日常观测、监测，资源的考察和勘探；有关社会、人文、经济现象的通用资料的收集，如统计、市场调查等，以及这些资料的常规分析与整理；为社会和公众提供的测试、标准化、计量、计算、质量控制和专利服务，不包括工商企业为进行正常生产而开展的上述活动。

编后语

　　本书的出版得到了福建省社会科学基金项目"福建省属公益类科研院所治理体系变迁与新发展阶段创新研究"（FJ2021B146）和福建省科技计划公益类科研院所专项项目"创新链视角下闽台科技资源配置效率比较及协同创新机制研究"（项目编号：2023R1031001）等资助。书稿中的数据主要来源于科学技术部《科技机构统计年报》（STS 表）、福建省科学技术厅《福建省属公益类科研院所采集表》、相关主管部门官方网站、中国知网专业学术网站等，以及由福建省属公益类科研院所提供，并经整理、归纳和统计。书稿在撰写过程中，得到了福建省科学技术厅发展规划与政策法规处、福建省农业科学院农业经济与科技信息研究所和 38 家科研院所的支持和帮助，专家学者丁中文、庄忠钦、翁志辉、张良强、蔡雪雄等充分肯定本项工作的必要性和重要价值。在此，谨向他们表示诚挚的感谢！

　　因时间和水平限制，书稿中难免有疏漏和不妥之处，恳请批评指正。